王旭峰 主编

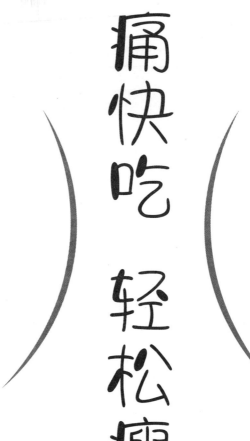

痛快吃 轻松瘦

科学技术文献出版社
SCIENTIFIC AND TECHNICAL DOCUMENTATION PRESS
·北京·

图书在版编目（CIP）数据

痛快吃，轻松瘦 / 王旭峰主编. — 北京：科学技术文献出版社，2023.5
ISBN 978-7-5235-0165-8

Ⅰ.①痛… Ⅱ.①王… Ⅲ.①减肥—食谱 Ⅳ.① TS972.161

中国国家版本馆 CIP 数据核字（2023）第 065649 号

痛快吃，轻松瘦

策划编辑：王黛君 责任编辑：吕海茹 责任校对：张吲哚 责任出版：张志平

出 版 者　科学技术文献出版社
地　　址　北京市复兴路15号　邮编 100038
编 务 部　（010）58882938，58882087（传真）
发 行 部　（010）58882905，58882868（传真）
邮 购 部　（010）58882873
网　　址　www.stdp.com.cn
发 行 者　科学技术文献出版社发行　全国各地新华书店经销
印 刷 者　中煤（北京）印务有限公司
版　　次　2023 年 5 月第 1 版　2023 年 5 月第 1 次印刷
开　　本　880×1230　1/32
字　　数　177千
印　　张　8.5　彩插 8 面
书　　号　ISBN 978-7-5235-0165-8
定　　价　58.00元

编委会

主　编　王旭峰

副主编　李润庭　孙升东　李洪印　天荷花　李德林

编　委　陶真真　李卫红　丁蓓蓓　张佩华　鲁玉梅
　　　　　马萃芬　李　侠　赵萍萍　祁晓庆　弈　乐
　　　　　钱雅冬　白　沙　赵雅娟　杨小庆　陈冠旭
　　　　　杨　磊　俞莉蓉　田春玲　张　迪　吴思佳
　　　　　朱　一　李劲瑶　黄慧彬　刘亚琳　刘久平
　　　　　奉羽彤　晏雨晴　王金龙　井智源　李东晓
　　　　　武　霄　寇艳梅　李玉婷　藏全宜　张敏轩
　　　　　李楠楠　梁淑敏　王　睿

顾问委员会

序

　　24 年前，我在母校中国农业大学食品学院开始学习，在食品营养与安全专业硕士研究生毕业。至今我已从事健康教育工作 16 年，录制了央视、各大卫视的健康节目超过 500 期，撰写的营养科普文章超过 300 万字，走进中共中央办公厅、中共中央统战部、各大企事业单位做健康讲座上千场，算是健康教育领域的积极分子。

　　无论我写的文字，还是录的节目，有一半以上的内容都是跟肥胖、体重管理有关的。我有一堂课颇受大家欢迎，叫《科学减重的十大黄金法则》，在不同的单位讲过近 500 场，听众超过 100 万人。2016 年，东方卫视推出一档明星减肥的真人秀栏目《燃烧吧！卡路里》，我作为栏目唯一的签约营养师，负责给众多明星指导饮食，帮助他们瘦身。

　　之所以有很多地方请我去讲科学减重、健康瘦身相关的话题，是因为现在肥胖问题实在太严重了。

　　当下，全球范围内约 40% 的成年人超重或肥胖，肥胖已经成为危害全球健康的重大公共卫生问题。而我国更为突出，我国有超过 50% 的成年人和近 20% 的儿童超重或肥胖，在部分城市中，儿童青少年超重、肥胖率已高达 40%。

　　根据相关统计和报道，我国成年人高血压患病率为 27.5%，成年人糖尿病患病率为 11.9%，高胆固醇血症患病率为 8.2%；2021 年，中国居民总死亡人数大约 1014 万，其中糖尿病、心血管疾病等慢性病导致的死亡人数达到总死亡人数的 80% 以上，而超重和肥胖是导致各种慢性病最大的危险因素。

根据最新研究预测，到 2030 年，中国归因于超重 / 肥胖的医疗费用将达 4180 亿元人民币，约占全国医疗费用总额的 21.5%。

肥胖不仅增加了多种慢性病和过早死亡的风险，给家庭和社会带来沉重的经济负担，还严重阻碍社会的健康发展。

此外，肥胖的朋友容易产生抑郁等心理问题……

防控肥胖，迫在眉睫！

不过，对于想减肥的朋友，却有个尴尬的现状，大家因为不懂基本的营养学常识，经常采用错误的减肥方法，减的自己"遍体鳞伤"。有人减出厌食症、有人月经紊乱、有人大把大把掉头发、有人肠胃失调、有人关节损伤、有人皮肤松弛、有人免疫力低下、有人精神抑郁……

方法不对，努力白费，智商交税，身体遭罪！

减肥，其实很简单，最核心的秘诀就是：调整饮食结构！所有不改变饮食结构的减肥方法，最终都以体重反弹、减肥失败而告终。

因此，我联合了十多位权威专家，把多年来我们实践过的科学、有效、易执行的减肥方法总结出来。我们这本书不仅讲了肥胖的原因和危害，减肥的正确方法，还给大家提供了食谱示例，帮助大家科学减重、健康瘦身。

愿每一位读者都能远离肥胖的困扰，收获健康和幸福！

王旭峰

目录

第一章

揭秘肥胖的真相

胖不胖，不能只看体重秤

《现代汉语词典（第 7 版）》中对"胖"和"肥"的解释都是"脂肪多"，并没有提到体重。同样，在临床上我们评判一个人胖不胖也不是单纯看体重秤上的数字，而是经过综合评估后，通过下面的几个指标来做判断。

一、国际通用的体重衡量指标——体质指数（BMI）

很多朋友很关心自己的体重，每天都要称一下。那么，称体重以后怎么判断是否超重是一个关键的问题。一般来说，国际上通用 BMI 作为判断一个人是否肥胖的指标。BMI 全称是 Body Mass Index，中文翻译是体质指数或体重指数。

这个指标是怎么计算出来的呢？公式如下：

$$BMI = \frac{体重（千克）}{身高（米）\times 身高（米）}$$

它是用千克做单位的体重除以身高（以米为单位）的平方。以我举例，我的体重一般控制在 68 千克，我的身高是 1.70 米，所以用 $68 \div 1.7^2$，得出来的结果就是我本人的 BMI，约为 23.5 kg/m^2。

要注意的是，我们在测体重的时候要先脱掉衣服、鞋子，排完二便之后。

那我是胖是瘦还是正常呢？

$BMI < 18.5 \text{ kg/m}^2$ 表示偏瘦；BMI 为 $18.5 \sim 24.9 \text{ kg/m}^2$ 为正常体重；BMI 为 $25.0 \sim 29.9 \text{ kg/m}^2$ 为超重；$BMI > 30.0 \text{ kg/m}^2$ 为肥胖。

经过一些年的应用，有人发现世界卫生组织（WHO）制定的 BMI

这套标准不太适合我们国人，所以，又出现了中国标准（表1-1）。中国标准认为 BMI 在 18.5～23.9 kg/m² 这个范围内，是一个比较合理的体重范围。如果 BMI 在 24.0～27.9 kg/m² 这个范围，则是超重；如果 BMI 大于等于 28.0 kg/m²，则为肥胖。

表 1-1　不同的 BMI 评判标准（kg/m²）

体重情况		WHO 标准	中国标准
体重过低		< 18.5	< 18.5
体重正常		18.5～24.9	18.5～23.9
超重（肥胖前期））		25.0～29.9	24.0～27.9
肥胖	一级肥胖	30.0～34.9	≥ 28.00
	二级肥胖	35.0～39.9	
	三级肥胖	≥ 40.0	

对照上面的数据，我的 BMI 是 23.5 kg/m²，在正常范围之内。但要提醒大家的是，**BMI 这个公式并不是万能的，这个衡量方式适用于大多数人，但对于肌肉含量特别高的健美人士、运动员却并不适用。**

举个例子：美国电影明星史泰龙，他体重 80 千克，身高 1.78 米。如果按照 BMI 公式计算的话，他的 BMI 约为 25.2 kg/m²。按照 WHO 的标准，史泰龙属于超重。

"不可能吧，硬汉史泰龙怎么可能胖呢？他可是男性和女性都羡慕的肌肉男！"大家是不是也有同样的疑惑？

举这个例子，是想告诉大家，由于相对于脂肪，肌肉体积更小、吸水性强、密度更大，所以肌肉含量特别高的人，他们的体重，比看起来身材差不多的人要更重。但这种因为肌肉过多而引起的体重超标不仅不能算超重、肥胖，反而是我们倡导的，因为肌肉带来的体重增加称为健康体重，而且肌肉含量越高的人群往往身体素质越好。

大家要记住一句话：人衰老的过程就是身体中肌肉不断流失的过程。无论男女老少，都应该让自己拥有合理的肌肉量。

因此，如果你体重高，但是肌肉多、脂肪少，那也是健康的。而如果你体重小，但脂肪多、肌肉少，那你就要警惕了，你属于隐性肥胖，这是非常不健康的！

现在大家应该明白了，人的肥胖不应该只看体重多少，因为我们的体重不单单是由脂肪构成的，还有骨骼、肌肉和水等其他成分。

骨骼　很多人天生骨骼大，骨密度高，他们的体重必然比骨骼小、骨密度低的人群高。

肌肉　肌肉被誉为人体第二个心脏，它不仅是健康和力量的象征，更是维持人精力充沛的帮手。肌肉质量高，密度大，人们就会有紧实漂亮的线条。所以，肌肉多的人，如史泰龙的体重必然比肌肉少的人体重高，但他依然很健康，身材很完美。因此，对于经常健身、肌肉比较多的人群，BMI 高并不能说明他们就是胖人。

水　水分对体重的影响显而易见，喝水前后，排尿前后的体重都会有差异，所以，因水代谢异常而水肿的人，BMI 高也不能说他是个胖人。

脂肪　首先我们要了解的是，脂肪是密度最小的人体成分，也就是说一个不爱运动，肌肉不发达的"瘦子"很可能体内分布着好多的脂肪，外形看似很相仿、体重相似的两个人，他们体内的脂肪含量是不一样的。再比如，一个长得很壮的摔跤手，体检血脂、血糖、血压、血氧都正常，但 BMI 可能会高。但一个 BMI 低的瘦子，体检却可能发现血脂高、血压高、血糖高。很明显，胖不胖不仅在于外表，还有"内涵"。这个瘦子比那个摔跤手更应该减肥，他要减的是内脏和血液里面的脂肪。

说来说去，我要表达的是：BMI 不是一个完美无缺的指标，它还会受年龄、性别、种族等其他因素的影响。为了弥补这一缺陷，就要说到第二个判断胖瘦的标准——体脂率。

二、身体的脂肪量

一般来说，男性身体的总脂肪量不要超过体重的 25%，如果超过 25%，即使你体重没超标，也要减肥，因为你的身体构成出现了问题。

也就是说，你很有可能是脂肪高、肌肉少，这一正一负，在体重上看不出来，但是体脂却超标了。这样的人叫作隐性肥胖，也叫瘦胖子，同样需要减肥。那怎么看身体的脂肪量呢？测体脂率！

体脂率是人体内脂肪质量占身体质量的百分比。体脂率估算公式（仅供参考）为：

体脂率 = [体脂重量 ÷ 体重（千克）]×100%

体脂重量（千克）= a – b

参数 a = 腰围（厘米）× 0.74

女：参数 b=[体重（千克）×0.082]+34.89

男：参数 b=[体重（千克）×0.082]+44.74

举一个例子，一位女性身高157厘米，腰围87厘米，体重80千克，她的体脂率为：

参数 a 为：87×0.74=64.38

参数 b 为：（80×0.082）+34.89=41.45

体脂重量为：64.38 – 41.45=22.93

体脂率为：（22.93÷80）×100% ≈ 28.7%

这样算出体脂率后如何判断正常与否呢？我们通常参考表 1-2 所示的体脂率标准。

表 1–2　体脂率判断身体类型的标准

类型	女	男
偏瘦	10% ~ 12%	2% ~ 4%
健硕	14% ~ 20%	6% ~ 13%
健康	21% ~ 24%	14% ~ 17%
超重	25% ~ 31%	18% ~ 25%
肥胖	> 32%	> 25%

随着生理变化的影响，脂肪含量也有所变化，因此，根据不同年龄也有相应的体脂率判断标准，见表 1-3、表 1-4。

表 1-3　男性体脂率对照表

体脂率 / (%)

年龄（岁）	偏瘦		理想			正常					超重－肥胖						
18～20	2.0	3.9	6.2	8.5	10.5	12.5	14.3	16.0	17.5	18.9	20.2	21.3	22.3	23.1	23.6	24.3	24.9
21～25	2.5	4.9	7.3	9.5	11.6	13.6	15.4	17.0	18.6	20.0	21.2	22.3	23.3	24.2	24.9	25.4	26.8
26～30	3.5	6.0	8.4	10.6	12.7	14.6	16.4	18.1	19.6	21.0	22.3	23.4	24.4	25.2	25.9	26.5	26.9
31～35	4.5	7.1	9.4	11.7	13.7	15.7	17.5	19.2	20.7	22.1	23.4	24.5	25.5	26.3	27.0	27.5	28.0
36～40	5.6	8.1	10.5	12.7	14.8	16.8	18.6	20.2	21.8	23.2	24.4	25.6	26.5	27.4	28.1	28.6	29.0
41～45	6.7	9.2	11.5	13.8	15.9	17.8	19.6	21.3	22.8	24.7	25.6	26.6	27.0	28.4	29.1	29.7	30.1
46～50	7.7	10.2	12.6	14.8	16.9	18.9	20.7	22.4	23.9	25.3	26.6	27.7	28.7	29.5	30.2	30.7	31.2
51～55	8.8	11.3	13.7	15.9	18.0	20.0	21.8	23.4	25.0	26.4	27.6	28.7	29.7	30.6	31.2	31.8	32.2
>56	9.9	12.4	14.7	17.0	19.1	21.0	22.8	24.5	26.0	27.4	28.7	29.8	30.8	31.6	32.3	32.9	33.3

表 1-4　女性体脂率对照表

年龄（岁）	偏瘦			理想			正常					超重 - 肥胖					
18 ~ 20	11.3	13.5	15.7	17.7	19.7	21.5	23.2	24.8	26.3	27.7	29.0	30.7	31.3	32.3	33.1	33.9	34.6
21 ~ 25	11.9	14.2	16.3	18.4	20.3	22.1	23.8	25.5	27.0	28.4	29.6	30.8	31.9	32.9	33.6	34.5	35.2
26 ~ 30	12.5	14.8	16.9	19.0	20.9	22.7	24.5	26.1	27.6	29.0	30.3	31.5	32.5	33.5	34.4	35.2	25.8
31 ~ 35	13.2	15.4	17.6	19.6	21.5	23.4	25.1	26.7	28.2	28.6	30.9	32.1	33.2	34.1	35.0	35.8	36.4
36 ~ 40	13.8	16.0	18.2	20.2	22.2	24.0	25.7	27.3	28.8	30.2	31.5	32.7	33.8	34.8	35.6	36.4	37.0
41 ~ 45	14.4	16.7	18.9	20.8	22.8	24.6	26.3	27.9	29.4	30.8	32.1	33.3	34.4	35.4	36.3	37.0	37.7
46 ~ 50	15.0	17.3	19.4	21.5	23.4	25.2	26.9	28.6	30.1	31.5	32.8	34.0	35.0	36.0	36.9	37.6	38.3
51 ~ 55	15.8	17.9	20.0	22.1	24.0	25.9	27.6	29.2	30.7	32.1	33.4	34.6	35.6	36.6	37.5	38.3	38.9
> 56	16.3	18.5	20.7	22.7	24.6	26.5	28.2	29.8	31.3	32.7	34.0	35.2	36.3	37.2	38.1	38.9	39.5

体脂率 /（%）

大家是否注意到，相同的年龄阶段，同样是"健康"范围，女性的体脂率要比男性高，这是因为女性体内雌激素多，雌激素更有利于脂肪的堆积；男性体内雄激素多，雄激素更有利于肌肉的合成。此外，女性还受排卵、生育、哺乳等生理原因的影响，因此体内的脂肪比男性要多。在男性和女性体内脂肪的分布见图1-1。

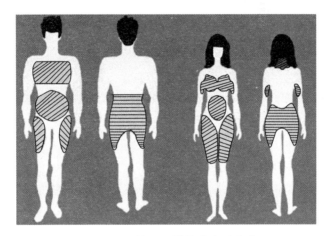

图1-1 男性和女性体内脂肪分布

再说一说，不同体脂率会给你的外形带来什么样的变化。

1.女性的体脂率及体型特点

8%～10%：极少数女运动员达到的竞技状态（会引起闭经、月经紊乱和乳房缩小）；

11%～13%：背肌显露，腹外斜肌分块更加明显（女子健美运动员竞技状态）；

14%～16%：背肌显露，腹肌分块更加明显；

17%～19%：全身各部位脂肪不松弛，腹肌分块明显；

20%～22%：全身各部位脂肪不松弛，腹肌开始显露，分块不明显；

23%～25%：全身各部位脂肪基本不松弛，腹肌不显露；

26%～28%：全身各部位脂肪就腰腹部明显松弛，腹肌不显露；

29% ～ 31%：腹肌不显露，腰围通常是 81 ～ 85 厘米；

32% ～ 34%：腹肌不显露，腰围通常是 86 ～ 90 厘米；

35% ～ 37%：腹肌不显露，腰围通常是 91 ～ 95 厘米；

38% ～ 40%：腹肌不显露，腰围通常是 96 ～ 100 厘米；

41% 以上：腹肌不显露，腰围通常是 101 厘米以上。

2. 男性的体脂率及体型特点

4% ～ 6%：臀大肌出现横纹（健美运动员最理想的竞技状态）；

7% ～ 9%：背肌显露，腹肌、腹外斜肌分块更加明显（健美运动员竞技状态）；

10% ～ 12%：全身各部位脂肪不松弛，腹肌分块明显；

13% ～ 15%：全身各部位脂肪基本不松弛，腹肌开始显露，分块不明显；

6% ～ 18%：全身各部位脂肪就腰腹部较松弛，腹肌不显露；

19% ～ 21%：腹肌不显露，腰围通常是 81 ～ 85 厘米；

22% ～ 24%：腹肌不显露，腰围通常是 86 ～ 90 厘米；

25% ～ 27%：腹肌不显露，腰围通常是 91 ～ 95 厘米；

28% ～ 30%：腹肌不显露，腰围通常是 96 ～ 100 厘米；

31% 以上：腹肌不显露，腰围通常是 101 厘米以上。

测量体脂，现在方法也很多，买个体脂秤，在手机上再下载一个相关 App 就可以测了，而且准确性也挺高。

BMI 和体脂率是目前判断肥胖程度比较好的数据组合，当然，这些数据不仅能帮我们判断是否肥胖，更重要的是可以指导我们如何健康饮食，让我们吃不胖。

BMI 和体脂率已经完成了对是否肥胖的判断，但现实中我们还有一个更为简单的判断方法。

三、腰围——你必须关注的重要指标

腰围可以直接反映我们腹部脂肪的堆积情况。这个指标甚至比体重更能反映你肥胖与否。腰围的测量很简单，找到肚脐，用软尺贴着肚皮，在肚脐水平上平绕一圈，然后，正常的呼吸，在肚皮相对最放松的时候测量，这个周径就是我们的腰围。

那么腰围的值多大合适呢？中国的男性，腰围最好不要超过85厘米，中国的女性，腰围最好不要超过80厘米。腰围大就说明过多的脂肪在腹部堆积，会造成内脏脂肪的总量增高，从而增加糖尿病、高血压、高血脂、心肌梗死、脑梗死等很多疾病的风险。美国癌症研究基金会通过大数据的分析得出一组数据：腰围每超标1英寸（2.54厘米），患癌症的风险增加8倍。

除了以上三种方法，还有一种"胖"，是"我觉得胖"！2016年，我录制东方卫视《燃烧吧卡路里》，作为栏目签约的营养师，帮助很多明星指导饮食。我发现明星更是如此，他们对形象的要求非常高，又由于镜头下的脸和身材会比实际显得胖，所以，他们相比普通人肉眼感觉胖瘦的"标准"还要瘦。他们坚信"好女不过百（100斤）"。甚至，有的女明星身高1.65米，要求自己体重不能高于45千克；有的男性1.80米了，还要求自己体重不能高于60千克。

这种身材，虽然上镜看起来苗条，但实际上已经属于消瘦，也就是营养不良了。长期这样，对身体危害巨大。因为一个人太瘦，就意味着身体中的营养储备太少，你的免疫力、运动能力、代谢状态都会下降，遇到危机就不堪一击！

所以，无论用哪个标准评判身材，我们本质上是要让自己更健康！只要影响了健康，无论太瘦还是太胖，这都不好。

四、身材

美学研究者把女性体型分为4类：沙漏型、香蕉型、梨型和苹果型。

沙漏型身材 腰臀比例大（约0.7），胸部丰满、腰细、臀宽、大腿粗。有研究显示，沙漏型女性不仅寿命最长，生活质量也最高，她们患不孕不育症、骨质疏松症、癌症、认知类疾病、腹主动脉瘤、糖尿病及其并发症还有其他疾病的概率会明显降低。

香蕉型身材　胸部、腰腹、臀部偏胖，曲线不明显，又叫直筒型身材。

梨型身材　脂肪主要囤积在臀部及大腿上，腰短，上半身不胖，下半身胖，也称作周围型肥胖，这种肥胖外形多见于青春期和产后。

苹果型身材　四肢相对匀称，但腹部脂肪囤积过多，肚子很大，胸部比较饱满，腰腹分离不明显（如水桶），又称为中心型肥胖。2005 年有研究表明，苹果型身材（腰短、臀窄）女性的死亡率几乎是其他体型女性的 2 倍。

在通常情况下，由于雌激素分泌量增加，女性在青春期开始发育，骨盆逐渐扩大，脂肪沉积，胸腺组织发育明显，臀部和胸部会愈加丰满，这也是健康女性的体现。如果激素分泌的问题和饮食干扰了身体对激素的反应，身材也会发生变化，尤其是反式脂肪酸对几代人的侵害，让苹果型身材越来越多。

总之，身材什么样，长得美不美不是偶发事件，也不是命运安排的意外，是自然生长和生活方式累积的必然结果，是水到渠成的事情。好的基因为我们提供美丽的种子，贯穿备孕期、孕期，以及婴幼儿和整个童年阶段的良好营养状况为好身材提供了优质的土壤，最终生物学法则就会让你成长为美丽健康的个体。

五、胖的部位

如果说身材和美丽源于有序的成长，有人就会奇怪，为什么人与人之间的脂肪堆积部位如此不同呢？有人全身上下只有腿粗，而有人只是肚子凸出，还有人单单长了个双下巴……

胖的部位不同，是因为脂肪分解速度、饮食、运动、性别、激素水平、人种等的不同，脂肪分布也有所不同。比如，皮下脂肪分解最慢，腹部的皮下脂肪分解次之，腹部内的脂肪分解最快。

你的脂肪堆积到哪里了呢？为什么你会在那里胖呢？

1. 脂肪堆积在腹部

首先，脂肪在腹部堆积比较多见，这符合脂肪堆积的中心近端效应。因为腹部与人类站立时的重心位置接近，在这里囤积脂肪不会影响人行走、跑、跳时的重心变化。脂肪堆积围绕人体的重心一层一层地向外扩张，可确保人体重心不变。所以，腹部的脂肪堆积速度比四肢快，即使有人四肢脂肪堆积也比较严重，脂肪也会堆积在大臂内侧、大腿内侧或是臀部，也是接近重心的位置。

其次，现在所说的劳动者，不再是单纯的体力劳动者，更多的是脑力劳动者。我们大脑平均每日消耗糖 120 克，脑力劳动者则需要更多糖的供应，以满足大脑的消耗，这就让他们对高糖和精制的碳水化合物（米、面等）食品产生依赖。摄入这些富含碳水化合物食物会让大脑产生多巴胺，而且有满足感。又因为摄入富含碳水化合物的食物会让血糖升高速度比摄入富含蛋白质和脂肪的食物要快，因此，现在的劳动者摄入的糖往往都偏多。当消耗小于合成时，多出来的糖会被快速转化成脂肪储存在腹部。从另一方面看，脑力劳动者的无形压力会导致糖皮质激素升高，从而让脂肪听从激素的"指挥"堆积在肚脐周围，形成类似于向心性肥胖的体型。

值得注意的是，腹部的脂肪堆积只是一个表象，更深层的危害是内脏脂肪增加，如脂肪肝、大网膜脂肪沉积，这些才是我们要重视的问题。有研究证实，内脏脂肪会分泌一些细胞因子，这些细胞会让巨噬细胞来到脂肪组织，然后分泌炎症因子，这些炎症因子再进入血液，导致胰岛素敏感性降低和胰岛素抵抗。大家知道，胰岛素的异常就会导致血糖控制的异常，最终会引起糖尿病。

2. 脂肪堆积在四肢和臀部

由于男性和女性之间性激素分泌的差异，男性更易发生腹型肥胖（苹果型肥胖），也更容易发生糖和脂肪代谢的异常。而女性的脂肪多集中在臀部和四肢，多呈向心性分布，这样的脂肪分布对血压的影响大于男性。也有学者利用 X 线对绝经前后的女性脂肪分布进行测量，发现女性在围绝经期及以后身体脂肪容易聚集在上半身，出现中心型脂肪分布。也就是说，雌激素越多，臀部和四肢的脂肪就会越多。

3. 男性腿粗、屁股大

如前所说，女性的脂肪通常会在四肢和臀部堆积，这是因为雌激素会促进脂肪在下半身聚集，且会储存在松弛的结缔组织中，造成了"假胯"表现，也就是大腿根外侧突出，臀部下垂。如果男性也出现腿粗、屁股大，从后面看辨别不出性别；从前面看男性的胸部也呈现出异常发育，且从少年到成年都是如此，那么这样胖的原因是雄激素不足、雌激素过多造成的。

4. 手臂上的"拜拜肉"

平时我们用电脑或者开车，用到的多是小臂，上臂内侧、后侧的肱三头肌、肩膀后束的锻炼机会很少。如果体脂较高，那么不爱运动的上臂就容易脂肪堆积。

大家可以给自己做一个简单的测试，用左手捏一捏右臂下方的"拜拜肉"，也就是大臂下方的皮下脂肪。捏完自己，还可以捏一捏你身边的家人或朋友。对比一下，你会发现，人分三种。

第一种，捏起来又薄又紧。薄就说明脂肪少，紧就说明肌肉多。这种人，身材往往都很紧致、性感。

第二种，捏起来又厚又紧。厚就说明脂肪多，紧就说明肌肉也多。这种人，用一个字来形容叫"壮"，用一个英文单词来形容叫"Strong"。以后不需要增肌，而需要减脂。

第三种，捏起来又松又软。松就说明肌肉少，软就说明脂肪多。这种人，是最糟糕的。让身体更健康的肌肉太少了，让身体臃肿的脂肪太多了。即便你看起来不胖，如果你又松又软，那么往往你的体脂率是超标的，属于典型的"瘦胖子"。

肠道菌群失衡，"内乱"催胖

世间万物是不断运动的，能量既不会凭空产生，也不会凭空消失，它只会从一种形式转化为另一种形式，或者从一个物体转移到另一个物体，总量保持不变。这是自然界普遍的基本定律之一——能量守恒定律。

从这个定律可以看出，在人体代谢过程中，"一进一出"最好能保持平衡，这样就能让细胞形态保持不变。一旦打破了这个规律，也就是脂肪的产生与消耗不平衡，如产生高于消耗，那么就会让脂肪增多，脂肪细胞"变形"——体积增大。

脂肪的产生高于消耗，是我们对变胖最直观的理解。如果深究，那就要探讨一下脂肪产生为什么多了，或者脂肪的消耗为什么少了呢？

一、消化系统对食物的分解和吸收

说到脂肪代谢和营养，就不得不说人类的消化系统。消化系统主要的器官包括：口腔、食管、胃、小肠（十二指肠、空肠、回肠）和大肠（盲肠、阑尾、结肠、直肠、肛门）等部位。消化系统的辅助器官包括：唾液腺、肝脏和胰腺。

口腔 除了因病需要鼻饲，口腔是进食的第一道工序。食物经过口腔的咀嚼，将大块的食物分成小块，并与唾液充分融合形成润滑的团块状，唾液里的唾液淀粉酶和舌脂肪酶可以帮助食物的分解。

食管 食物经过吞咽进入食管，食管是一个传输管道，连接口腔和胃。很多人以为食管就是一个疏通管道，里面没有细菌。但在 2004 年，人们发现食管中有数十种微生物群落。人们猜测食管不仅承担了食物输送的作用，可能也参与了食物的分解，但还需要进一步证实。

胃　胃内是一个强酸的环境，但依然有细菌存活，比如，幽门螺杆菌。胃对食物主要有杀菌和蛋白质消化的作用，食物经过胃的腐熟和最初的分解，形成酸性的食糜。

小肠　小肠（十二指肠、空肠、回肠）是最主要的化学消化及吸收的场所。酸性的食糜进入小肠后会刺激胰腺和胆汁的分泌，胰液中的胰淀粉酶、胰蛋白酶、胰脂肪酶会分解这些大分子营养物质；从肝脏制造的胆汁，平时储存在胆囊，这时候也会分泌到十二指肠去协助脂肪消化。大分子的营养物质被分解后通过小肠壁吸收进入血液系统，最后被运到需要的地方。其中，脂肪主要在小肠中吸收，而水和部分维生素主要在大肠吸收。

大肠　食糜经过小肠的吸收，剩下的几乎就算是残渣了，理论上是要排出体外的，但这些食物残渣抵达结肠后依然被进一步"处理"。结肠处的细菌好似一个"细菌宇宙"，很多人体的微生物都聚集在这里，数目惊人，总数可达上百万亿，甚至每立方厘米的细菌数量比地球上的人还多，密密麻麻的细菌拥挤在这里，分泌多种化合物，可以帮助降解膳食纤维，也可以消化淀粉。结肠的细菌在"吃"这些有利于它们存活和繁殖的食物残渣后，会分泌一些短链脂肪酸，这些短链脂肪酸可以被肠壁细胞吸收并为人体所用。

从上面的消化过程我们可以看出，营养物质主要在肠道被消化吸收。

二、肠道细菌对脂肪代谢的影响

在食物与健康、疾病的关系中，消化系统在其中担任重要角色。首先，食物中的营养物质需要经过一系列消化酶的分解，从复杂的大分子变为更小的有机物，才能被小肠所吸收。其次，在消化过程中，除了消化酶可以对食物进行分解，肠道菌群也可以帮助分解复杂结构的分子，同时产生大量的微生物代谢产物，被身体吸收到血液中。因此，肠道微生物的种类、多少与疾病和健康就产生了直接的关系。

　　我们人类肠道内存在着一个肠道细菌生态系统，我们与肠内细菌共生共存，共享摄入的食物。肠道内存在着 200 种左右的细菌，有好细菌、坏细菌、中性菌，总的数量超过 100 万亿，重 1～2 千克，它们在肠道内生存，每天都会有一部分随大便排出体外。大便的 1/3 几乎都是细菌的固体形态。每个人的细菌种类和数量都不一样，就如指纹一样，每个人都有它独特的细菌生态系统。

　　肠道细菌与肥胖的关系是杰弗里·戈登博士提出的。他做了一个大胆的实验，将胖人和瘦人的肠道细菌分别移植到一个在无菌状态下培育出的老鼠身上。这样就制造出了拥有人类的肠内细菌的老鼠。然后在相同饲料、运动量等条件下培育这些老鼠。结果是，移植了瘦人的肠道细菌的老鼠没有变化，但是移植了胖人的肠道细菌的老鼠的脂肪逐渐增加，变得肥胖起来。无论做几次实验，结果都是一样的。这说明移植了胖人的肠内细菌的老鼠会变得肥胖。以此得出结论：胖人的肠道内缺乏某种细菌，这就是肥胖的原因之一。

　　缺乏什么细菌会容易发胖呢？

　　有研究显示，中国肥胖人群的肠道菌群组成中多形拟杆菌（B.thetaiotaomicron）的数量显著低于正常体重人群，且与血清谷氨酸浓度成反比。肠道菌群中的多形拟杆菌会产生短链脂肪酸，短链脂肪酸被肠道吸收，进入血液，通过布满全身的血管，被送到脂肪组织中。短链脂肪酸在脂肪细胞中可以阻止细胞吸收脂肪，抑制多余的脂肪堆积，这样就避免了肥胖。此外，短链脂肪酸还能作用于肌肉之上，燃烧脂肪，减少脂肪堆积，增加脂肪消耗。

　　短链脂肪酸有别于普通的脂肪，是一类有机酸，如乙酸、丙酸、丁酸等，如果肠道中的丁酸充足的话，肠道细胞会及时给大脑发出"我吃饱了"的信号，从而抑制食欲，限制饮食。

　　大家了解了短链脂肪酸的好处，一定好奇如何增加短链脂肪酸吧？

　　从食物在肠道内的代谢过程可以看出，大肠内的细菌能分泌出短链脂肪酸。如果能到达大肠的食物残渣富含膳食纤维，比如，苹果的膳食纤维不能被小肠消化，但会被大肠的细菌们利用，就有利于大肠菌群分泌短链脂肪酸。同时，摄入高纤维、低脂肪、低热量食物也被证明具有增加身体益生元或益生菌的作用，有利于维持正常的肠道菌群状态，延缓或预防代谢疾病的发生。因此，大家适量吃苹果、柚子、牛蒡、洋葱、芦笋、豆类等富含天然膳食纤维的食物，有助于减肥。

三大营养物质比例失衡，任性有代价

俗话说"病从口入"，饮食作为陪伴一生的行为，对我们的健康起着至关重要的作用。曾经科技不发达时，人们认为吃饭不注意卫生容易生病。现在，随着科技的进步，对身体了解得越来越多，无论医生还是营养师都会告诉你：饮食卫生固然重要，膳食平衡对人体健康也至关重要。比如，摄入体内的三大营养物质处于不均衡时，就会诱发疾病，如糖尿病、肥胖症、高血压、高血脂等。

碳水化合物、脂肪、蛋白质作为人体正常新陈代谢的基础物质，在生物体内，三者的代谢是同时进行的，它们之间既相互联系，又相互制约。

一、碳水化合物的代谢

碳水化合物作为身体主要的供能物质，它占人体所需热量的50% ～ 70%。它的分子结构由碳、氢、氧构成，由于它所含有的氢和氧的比例是 2 ：1，和水一样，所以名字中有个"水"字。碳水化合物分为单糖、双糖、多糖等类型，从减肥的角度来看，我们可以将它简单理解为糖。但碳水化合物和糖不能完全画等号，因为它们之间有个包含关系，碳水化合物包含糖。虽然它们进入人体后都会水解为葡萄糖，但它们产生的饱腹感、消化吸收的速度和对血糖的影响还是有区别的，所以从体重角度来说，它们会产生不同的增重效果。

日常食物中的糖以单糖、双糖和多糖为主。单糖（葡萄糖、果糖、半乳糖）可以直接被人体消化。双糖（蔗糖、乳糖、麦芽糖）并非 2 个单糖的结合，而是由 2 ～ 10 个单糖组成，比如，蔗糖就是单糖中的果糖和葡萄糖的结合。多糖多存在于淀粉、果胶之中，通常是由 10 个以上的单糖结合而成。各种单糖的结合是通过各种键连接的，就像两块砖，通过泥土粘合在一起变成一大块砖。双糖和多糖需要通过微生物中酶的催化水解成单糖才能被吸收。比如，常见的多糖——淀粉需要经唾液酶催化后初步形成葡萄糖、麦芽糖、麦芽寡糖及糊精等产物，然后再通过消化系统中酶的作用，最后在小肠部位彻底消化成葡萄糖继而被吸收。

此外，膳食纤维也是多糖的一种，可惜人体内没有消化膳食纤维的酶，马、牛、羊这样的动物体内有，所以马、牛、羊吃草可以活着，因为他们能把膳食纤维分解为葡萄糖从而产生能量，但人做不到。不过我们日常饮食中的膳食纤维虽然不能被人体消化吸收，但是最终送入大肠以后，大肠中的有益菌可以分解利用膳食纤维，因此，膳食纤维也被叫作益生元。

二、蛋白质的代谢

蛋白质是结构复杂的有机大分子化合物，基本结构单位是氨基酸。饮食中的蛋白质需要水解成氨基酸及小分子肽后才能被吸收。由于唾液中不含水解蛋白质的酶，因此，对蛋白质的消化从胃开始。约有 10%的蛋白质会进入到大肠，通过大肠内的微生物菌群的作用生成氨基酸，然后被分解利用。肠道中存在大量的氨基酸代谢菌，主要包括拟杆菌、丙酸杆菌、链球菌属和梭菌属，这些菌群能分泌水解蛋白质和氨基酸的蛋白酶、基肽酶。

氨基酸在结构上具有共性，但不同的氨基酸也各有其特殊的代谢方式。支链氨基酸是氨基酸代谢的重要部分，目前支链氨基酸对身体健康的影响还需要进一步的研究。初步研究表明支链氨基酸能够像短链脂肪酸一样调节肝脏中的糖和脂肪的代谢。而含硫、碱性和芳香性氨基酸在代谢过程中则会产生促炎、细胞毒性和神经活性化合物等不好的效果。

在正常情况下，人和动物体所需要的热量主要由糖类氧化供给，一旦糖类出现代谢障碍，供能不足，就由脂肪和蛋白质氧化供给热量，保证机体的热量需要。由于蛋白质在人体当中比其他物质需要更多的步骤进行转化，因此，对于肠道微生物来说，通过发酵氨基酸产生热量的情况较少。

三、脂肪的代谢

脂类是一个大家族，它包括甘油三酯、固醇、磷脂。其中甘油三酯俗称脂肪、油脂，占到脂类这个大家族的95%。研究表明，肠道微生物发酵的产物可以刺激肝脏中脂肪代谢相关的酶，如脂蛋白脂肪酶，甘油三酯在脂蛋白脂肪酶的作用下，从肝脏进入循环系统，进而被脂肪细胞吸收。肠道有益菌也可以激活小肠上皮的内分泌细胞（如短链脂肪酸通过与 G 蛋白偶联受体结合），分泌多种代谢相关肽，进而影响脂质储存和热量平衡。

食物中的成分只要进入消化道就要与肠道菌群打交道，食物中的物质会对肠道菌群的种类和数量产生影响，肠道菌群的种类和数量也会影响食物的代谢。但是谁先影响谁呢？无论是谁先影响的谁，从现在开始，我们要对入口的食物进行选择，让有益菌强大起来，让代谢一直正常运转，即便有再多的脂肪，细菌也能像愚公移山一样将堆积的脂肪代谢出体外，打造一个拥有健康体魄的你。

我们在吃饭时，一定要有个意识，那就是我们吃的每一口食物不仅仅要满足我们自身的需要，还要喂养肚子里的微生物。在食物的量上，多少食物留给自己，多少食物留给肠道微生物，不仅决定了体重，还决定了你的肠道微生物的种类和数量。我们要喂养有益菌，而不能纵容肠道中"虎狼"一般的有害菌，让它们毁掉我们的健康。

肥胖基因——胖真的遗传吗?

"没办法,我这胖是遗传的,我们一家都胖。"

如果一家人的体重都超重,大家自然而然会认为自己就是肥胖体质,减肥也是白费力气,影响不了胖的结局。确实,父母都胖,第二代出现肥胖的概率非常高,这是因为他们体内很可能携带了肥胖基因,也是大家认为的"胖是遗传"的根源。

一、肥胖基因

人体确实有肥胖基因,而且不止一个。

脂肪多的原因是脂肪分解低于合成,而在脂肪分解和合成的过程中会涉及很多酶的催化和激素分泌调节的影响。这就注定肥胖不是一件简单的事情,它一定是多基因控制的。一个基因不能决定结果,只有多基因作用时才会导致肥胖的发生。

1.*ob* 基因

1950 年,科学家发现不肥胖的小鼠也能产下肥胖的后代。经过研究发现,这种肥鼠携带了 2 个分别来自父母的突变基因,这种突变基因被命名为 *ob*,它来源于 obesity(肥胖)的前两个字母。这个小写英文字母 *ob* 的基因,是正常基因 *OB* 突变而来,主要影响是让人食欲旺盛。

2. 肥胖基因 *FTO*

在发现 *ob* 突变基因之后,人类又发现了一个与肥胖相关的基因—— *FTO*,这个基因名称源于"fatso"(大块头肥仔)一词。2014 年《自然》杂志报道,*FTO* 基因的一段序列可以与控制脂肪组织发育的基因相结合,它会像发动机一样促进控制脂肪组织发育的基因在大脑中表达，使褐色脂肪（能"燃烧"的脂肪）变成白色脂肪（肥胖的根源）。如果某个人携带 1 个 *FTO* 基因，他们平均会增重 1.2 千克；如果携带 2 个 *FTO* 基因，那么会平均增重 3 千克，而且肥胖风险会提高 1.67 倍。有人断言 *FTO* 基因，就是"胖"基因。

其实不然，由于基因分别来自于父亲和母亲，所以 *FTO* 基因又被分为三型：*FTO-AA*，*FTO-AT* 和 *FTO-TT*。这三型对人体的影响不尽相同。

FTO-AA　携带 *FTO-AA* 类型基因的人比较少，主要表现为食欲旺盛，饱腹感弱，可以说是十足的"吃货"。不仅如此，这个类型的基因还会抑制新陈代谢。总之，携带此类型基因的人，肥胖的概率很高。

FTO-AT　携带 *FTO-AT* 类型基因的人，在食欲上的表现介于携带 *FTO-AA* 和 *FTO-TT* 之间，如果个人自控能力好，虽然易胖，但也不一定就会胖。

FTO-TT　相比较而言，携带这个类型基因的人食欲最低，容易有饱腹感，也不容易因贪吃而发胖。

除了去检验基因，怎么证明自己的肥胖是遗传的呢？如果你符合下面几条，就说明你的体重可能受基因的影响比较大。

——父母双方及其他直系亲属都有肥胖问题；

——从小到大，几乎每个年龄段（婴幼儿、儿童、青少年、成年）都有体重超标的困扰；

——每次减肥要比别人付出更多的努力，减肥后容易反弹。

还有一些人吃得并不多，但就是胖。如果你觉得自己的肥胖受基因的影响更大，是否要放弃减肥呢？

建议大家不要早早地将肥胖的原因甩锅给基因，更不要对减肥没有信心。要坚信——"我命由我不由天！"

二、饮食营养影响肥胖基因

干扰肥胖基因运作的外力有两种：毒素和营养失衡。这里所谓的毒素是指我们可能食用、饮用或吸入的有害物质，如反式脂肪酸等。营养失衡通常源于维生素、矿物质、脂肪酸或其他细胞存活所需营养元素的缺失。

1. 毒素

人体里的毒素有两种来源，一个是内部的，一个是外部的。内部来源的毒素来自于我们吃进去的食物在体内代谢后的残渣废料，外部来源的毒素是呼吸等接触外部世界时带来的毒素。

有的朋友会采取每天只吃水果蔬菜或者在季节交替的时候禁食这样的方法来排毒。在这里要告诉大家，这两种方法打着排毒的旗号，实际上却是在积累毒素，因为这两种办法不仅排不出毒素，反而会造成体内新一轮的营养不平衡，营养不平衡又导致体内毒素的增加，最终导致"毒上加毒"。

这里给大家推荐真正科学合理的排毒方法。

首先，要吃得合理，这样身体摄入的毒素就少，排毒的压力和负担就轻。要注意减少摄入含油量高的食物。含油量高的食物吃进身体以后，会延缓体内排空的速度，比如，早上吃了油饼，可能到中午的时候都不觉得饿，因为油饼是油炸的食物，在胃里消化慢。

其次，在合理饮食的基础上，保持胃肠道的正常蠕动，身体排泄功能良好，排除毒素的通路就顺畅。建议大家适量、规律地运动。运动的过程中，不仅仅会增加身体的运动机能，最关键的是使人体胃肠道真正动起来，增加胃动力。

还有一个重要的因素就是心情要好。心情好能使胃肠道蠕动变得更正常。做到这三点，其实就是我们所期望的顺畅排毒过程。

2. 维生素 D 缺乏与肥胖

吃多了、吃得不健康引起肥胖可以理解，但很多人对营养失衡引起的肥胖就想不明白了，都胖成那样了还营养不足？谁信？！

其实，肥胖者"过剩"的是脂肪和热量，其他很多营养素，如矿物质、维生素、膳食纤维等不仅谈不上"过剩"，往往还存在不同程度上的缺乏。经过大样本的调查，肥胖者体内的维生素和微量元素的水平仅为正常体重者的 50% ~ 80%，这在肥胖的儿童中尤为明显。因此，肥胖者往往是"营养过剩"和"营养缺乏"两种状态共存。

2015 年，《肥胖综述》杂志上一篇文章表明，维生素 D 缺乏在肥胖人群中的发生率比普通人群多 32%，在超重人群中维生素 D 缺乏的人比普通人群多 24%。维生素 D 缺乏与肥胖的关系是双向的，肥胖者更容易发生维生素 D 缺乏，反过来，维生素 D 缺乏使人更容易长胖。也有研究表明，维生素 D 的水平与体质指数和腹部的脂肪含量呈阶梯状负相关。BMI 每增加 1 kg/m^2，血清 25 羟维生素 D（维生素 D 在体内的主要存在形式）约下降 0.27 ng/mL；腹围每增加 1 厘米，血清 25 羟维生素 D 约下降 0.17 ng/mL。

维生素 D 是一种脂溶性维生素，无论是来源于皮肤还是肠道的维生素 D，对脂肪的合成和分解代谢都有影响。体外实验证明，活性维生素 D 能够抑制前脂肪细胞向成熟脂肪细胞分化。也有实验表明，维生素 D 缺乏可导致甲状旁腺激素水平增加，甲状旁腺激素具有刺激细胞 Ca^{2+} 内流入脂肪细胞的作用，从而可刺激脂肪的增多。也有研究表明，维生素 D 是合成瘦素所必需的物质，维生素 D 缺乏则会让饱腹感降低，饭量增加，从而引起肥胖。

回到开头，自己变胖很可能就是遗传了上一代的肥胖基因。但那又怎样呢？你完全可以让肥胖基因没机会表达呀。每个人都可以成为自己的家庭医生、营养医生，通过健康的饮食和生活方式调理，将身体的营养失衡状态尽量调节到平衡状态，完全可以成为一名携带"肥胖基因"的瘦子。

这些药品，让你不知不觉胖起来

我曾遇到过一位 300 多斤的女士，行走几步都会腿疼，多数时间只能坐在椅子上，出门也得坐轮椅。她并不是天生就胖，从她拿给我的照片看，大学时期的她身材非常匀称，一点都不胖。她说她是结婚之后因为吃药才变成现在这么胖的。

这位女士的经历，也许还有很多人都经历过。在治疗疾病的过程中，一边是疾病渐好，一边是体重渐长。可喜的是，有些人停药之后，体重也逐渐恢复。但也有一些人，比如，上面那位女性，药即使停了，体重依然下不来。

用了什么药会让人的身材发生这么天翻地覆的变化呢？

一、糖皮质激素

糖皮质激素，我们简称激素。即使自己没用过，也看过别人使用激素。通常他们用激素时间稍微一长，还会出现"满月脸"。长时间使用激素后，约 70% 的患者会有体重上升，约 20% 的人在用药的第一年体重增加达 10 千克。

用激素之所以会出现体重上升，主要是激素可以刺激四肢的脂肪酶减少，让腹部脂肪增多；促进肌肉蛋白分解，使肌肉量下降，降低基础代谢率；促进蛋白质分解，血糖升高，增加胰岛素抵抗；增强食欲，并能让人们对富含脂肪的食物产生需求。

虽然使用激素会让体重增长，但在停药之后，如果饮食正常，多数患者都会恢复到曾经的好身材。

二、促排卵药

促排卵药是通过提高雌激素水平来促进卵巢排卵的。但雌激素水平的升高，会导致体内脂肪的增加以及水分的滞留，从而出现体重上升甚至水肿。但在停用排卵药后，女性体内激素水平恢复正常，水肿会自然消失，体重也会恢复正常。所以，促排卵药引起的肥胖是暂时的，不用过于担心。

三、精神药物

如果查定义，精神药物可以定义为"给予大脑刺激并具有成瘾性的药物"。在我们的印象中，精神药物就是调节精神不振或精神亢奋的。无论是哪种，只要是精神药物都是作用在神经上的，通过阻断脑内神经递质受体来调整脑内化学物质的平衡。

凡是精神药物都会对神经产生影响。那大家想一想，我们身体的哪些功能不受神经影响呢？我们吃饭也是受神经控制的。所以，精神药物在对神经产生影响时，也会影响到食欲调节中枢，比如，它会让食欲暴涨，进而让体重升高。

有些精神药物具有镇静作用，而减肥除了要控制饮食那就是要"动"起来，精神药物则是让人"静"，正好与减肥的要求相反，所以，患者在吃了具有镇静作用的药物时，不爱活动，也会让身体发胖。

四、降糖药

在降糖药里，二甲双胍具有一定的减肥效果，但也不是所有人吃了都能减肥。而其他的降糖药，如磺脲类药物、噻唑烷二酮类药物的不良反应就有体重增加。它们导致体重增加的机制比较复杂，很可能与降糖过程中增加胰岛素分泌的同时，增加了机体蛋白质、脂肪的合成而抑制了脂肪和蛋白质分解有关。也可能通过导致水钠潴留，增加脂肪合成等有关。

如果想控制体重增加，是否要停用这类降糖药，需要咨询相关内分泌科医生，经过他们综合分析后做出是否调整用药的决定。

五、抗生素

有实验表明，抗生素与高热量食物组合起来，雄性小鼠的体重会比单纯食用高热量食物的小鼠增加10%，肌肉和脂肪都会增加；在增加脂肪方面，雄性小鼠的脂肪含量增加了25%，雌性小鼠则增加了100%。从小鼠实验来看，高脂食物和抗生素一起，是协同作用，而且是 1+1 ＞ 2 的作用。另一个实验也表明，即使是间歇性给小鼠使用抗生素也会引起小鼠体重的增加。

我们人类只有在生病的时候使用抗生素，但有人对 14 500 名孩子，从出生开始进行了长达 15 年的研究。这些孩子在不同的时间使用过抗生素，结果发现，在出生后的前 6 个月里使用抗生素的孩子长大后变得更胖。

抗生素的使用会直接影响肠道菌群。婴幼儿时期各脏器还处于发育阶段，如果在这个时期开始使用抗生素，抗生素通过改变婴幼儿肠道菌群的种类和数量，从而会影响身体多方面的发育。

一旦疾病和肥胖同时存在，是选择治病还是选择减肥，也许并不是一个很难的选择题。**人生总要有一个急缓、主次、先后的区分，治病与减肥孰轻孰重，大家心里都有一杆秤。**毕竟，药物对肥胖的影响极少是终身的。因此，生病的时候，该用药用药，是否需要换药一定要咨询相关疾病的医师，不要擅自停药和换药。

压力大，也容易催肥

很多人都有这样的感受：失业、失恋、受挫折的时候，唯有大快朵颐才能振奋精神、排解忧伤；疲惫工作后回家，唯有零食和甜品才能舒缓身心；独自一人看电影，唯有爆米花和冰可乐才能忘记孤独；考试时间越来越近，唯有薯条、薯片才能缓解越来越频繁的饥饿感……

随着各种压力、焦虑、孤独这些不良情绪的影响，我们唯有摄入高热量的食物方能产生愉悦感，为什么呢？

一、有趣的动物实验

瑞典的科学家曾拿一种鲈鱼做了一个实验，研究食物、运动和压力三者的关系，以及它们对动物身体的影响。在实验开始前，大鱼缸里有丰美的水草和充足的食物，鲈鱼们活动不多，慢悠悠地浮上浮下，活得悠然自得。当实验者把一种鲈鱼的捕食者——梭子鱼放入鱼缸时，鲈鱼的生活突然变了，捕食者的加入给鲈鱼们造成了巨大的生存压力，它们需要时刻提防着被梭子鱼吃掉。因此，鲈鱼在进食时，速度比原来更快，同时为了补充热量吃的食物也更多，运动也随之大幅提升，而且，面对梭子鱼的追杀，它们不得不提高生长速率，迅速增大体型，来获得跟捕食者抗衡的能力。最终，它们的体型相比没有捕食者的鲈鱼至少增大了 20%。

鲈鱼的这个反应，可以说是一种"应激反应"。当生命受到威胁时，为了能够逃脱或者不被饿死，"应激反应"这个系统会在压力事件下，通过向血液中释放葡萄糖来帮助肌肉获得热量，肌肉有足够的力量才能帮助鲈鱼或者人类奔跑和搏斗……因为压力而吃进去的热量也就因此而得到了合理的释放和消耗。但是，这种原始的"应激反应"并没有适应我们目前的生活方式。

古时候，人类需要跟野兽搏斗，遇到灾难需要逃跑等，而现在的压力多来自于"内心"，工作、婚姻、购房、贷款、养老、育儿等，并不是需要奋力奔跑的那种压力。问题是，身体一旦有了压力信号，"应激反应系统"依然会启动，依然会条件反射地吃得更多，以应对各种大脑、肌肉活动所需要的热量，而高糖、高盐、高脂的食物则是身体储存热量最好的来源，所以人在高压状态下更偏爱吃这些食物。但与鲈鱼不一样的是，现代人类单纯地增加了食物热量，却不增加主动运动，其结果就是人越来越胖，而不是像鲈鱼一样越来越壮。

澳大利亚研究人员也曾在小鼠身上做了实验，让同体重的小鼠进食同等量的高热量食物，最终发现，那些承受较大压力的小鼠要比无忧无虑的小鼠发胖速度更快。研究人员继而发现小鼠大脑中的杏仁核在发胖的过程中起到了关键作用。

进一步解释：当小鼠处于高压力状态时，一旦进食高热量食物后体内的胰岛素水平会急剧升高，升高的量大约是无压力正常进食小鼠的10 倍。由于小鼠承受压力的频率高，杏仁核中胰岛素水平则长期偏高，这让神经细胞对胰岛素的敏感度降低。也就是说，你摄入足够量的食物，但因为胰岛素水平低，下丘脑并不认为应该启动饱感中枢；相反，饥饿中枢的兴奋状态不减弱会让杏仁核促进神经肽 –Y 分子的合成，让身体增加食欲。

这就是为什么忙来忙去、唉声叹气、不爱运动的人会长成"幸福肥"的原因。下次你再见到朋友胖了，你可以试问一下"突然胖这么多，是太累吗？"

不过有句话说："每个胖子都是潜力股。"只要愿意改变，这些困难都能克服！

二、优质睡眠帮助减肥

如何解决压力肥，一个简单的方法就是：按时上床睡觉，或用其他减压方法替代"吃"。

睡眠对减肥真的很重要。有研究表明，在成年人中，每晚只睡 4 小时的人比睡 10 小时的人更容易产生饥饿感，更容易增加食欲，而且大部分人会提高对碳水化合物的摄入。这是因为：

——睡眠时间减少会扰乱正常的激素水平，让食欲增强；

——越困倦、疲劳，越容易通过多吃来补充热量与困倦对抗，然后形成恶性循环，一累就饿，一饿就吃，一吃就胖；

——打破昼夜节律，会导致肠道菌群紊乱，促进肥胖的发生和发展。

因此，为了消除大脑的"应激反应"，必须有一个舒缓的状态，而睡眠可以让你精神更饱满，大脑也会放松下来，不再一味地"屯粮备战"。

"睡觉减肥"的好处还在于，相比睡眠充足的人，缺乏睡眠者的瘦素水平会下降 15% 左右。瘦素是由脂肪组织分泌的蛋白质类激素，它能参与人体的糖、脂肪等的代谢调节。而每天 24：00 之前入睡、每天睡 8 小时、在没有灯光干扰的环境下睡眠可以促进瘦素的分泌，帮助我们促进脂肪代谢。

第二章

吃好三餐，越吃越瘦

吃出健康，理智认识吃的学问

一、饮食对健康有多重要？

人的一生和食物为伴，从出生到老去，绝大多数时间都在和饮食打交道，但很少有人会去计算一生要吃多少食物。按 70 岁寿命计算，平均下来一个人一辈子能吃 75 000 顿饭，总重 50 ～ 60 吨。这么大的摄入量，毫无疑问会对人的健康走向产生重要影响。正如国外有一句话：We are what we eat！可以说，你就是你一生所吃食物的结果。

食物中的蛋白质、脂肪和碳水化合物是产能的三大主要物质。实验证明，1 克蛋白质大约可释放 4 千卡的热量，1 克碳水化合物大约也能释放 4 千卡的热量，1 克脂肪则可以释放 9 千卡的热量，是蛋白质和碳水化合物的 1.5 倍。脂肪是热量密度最高的营养素。

生命的运转，需要热量的支持。一个成人每天需要 1800 千卡热量，只摄入蛋白质或碳水化合物的话，每天要摄入 450（1800÷4）克蛋白质或碳水化合物就可以满足热量上的需求；如果单纯摄入脂肪，那么每天摄入 200（1800÷9）克脂肪也可以满足热量上的需要。

当然我们的生命不仅仅需要热量，我们不是机器，不是有油就可以发动的。人体是一个复杂的系统，每种营养在提供热量的同时，还产生了其他作用。比如，蛋白质在免疫系统中担任着不可或缺的角色，不摄入蛋白质或体内蛋白质不足，免疫力就会降低，容易生病；脂肪中的 α- 亚麻酸是一种人体必需的脂肪酸，可以促进婴幼儿神经系统发育、提高智商，可以帮助成年人降低甘油三酯、总胆固醇、低密度脂蛋白，可以帮助老年人预防老年痴呆。所以，我们的饮食需要各种营养素的搭配，关于三大产能营养素合理的摄入结构，中国营养学会给出的建议是：蛋白质占 10%～15%，脂肪占 20%～30%，剩下的都由碳水化合物提供，占 50%～65%。这样搭配着吃才能满足身体各项功能的正常运转。

一旦没有食物摄入，人体就会消耗"自己"，脂肪在逐渐被消耗的过程中，你会变瘦；蛋白质在逐渐被消耗的过程中，你会变得肌肉松软、无力。

食物，它也许是我们最熟悉的陌生"人"。它不仅是为了填饱肚子、满足口腹之欲、维持生命发展，它还是一个能将机体的每一个细胞与大自然相连的信息流。当食物进入体内，它携带的信息来源越优良、内容越完好，你的健康状况就越好。比如，我们都煎牛排，那你的身体就会得到牛的信息，它来自大自然牧场还是养殖场，吃的是青草还是饲料。食物所携带的不同信息会潜移默化地影响着你的身体。日常饮食的搭配，我们建议大家记住这 6 个关键词：天然、新鲜、多样、清淡、均衡、适量。

二、食物不是药物，也不可偏信谣言

饮食对身体的影响也绝不是立竿见影的。有些减肥的朋友比较急躁，跟我讲每天控制饮食太费劲，希望吃了某种东西就可以快速地解决肥胖问题，这种心态往往容易踩坑。

比如，曾经有流言说吃长条茄子能清除肚子里的油脂。这个说法所谓的"原理"是什么呢？大家在家里做红烧茄子时会发现茄子很能吸油，这个说法就是利用这点诱导大家联想"茄子吃到肚子里同样能吸附肚子里的脂肪"。这是违背常识和科学原理的。

还有很多糖尿病患者本来吃降糖药，把血糖控制得比较平稳，但听了某些厂家的宣传，说无糖食品如何好，就停药而吃了一堆的无糖食品。所谓"无糖食品"可能不含有白糖（蔗糖），但可能含有很多脂肪和淀粉，结果很多患者病情反复，甚至恶化。

同时，大家也要警惕所谓的反传统、颠覆性的理论。牛奶营养丰富，也是普通人补充钙质的一个很好的选择，但曾经有某个人站出来说"牛奶是牛喝的，不是人喝的"。这个谣传曾导致我国某地区中小学生喝牛奶比例大幅下降，在一定程度上会影响青少年成长发育。

网络上、朋友圈里，有很多关于食物的报道也很不负责任。比如，某个媒体曾有了一篇报道说吃鸡蛋会造成年轻女性死亡率增高。这样的报道没有前因和背景介绍，没有原始文献提供，没有任何科学依据就传播出去了。那段时间，我忙坏了，总会接到很多电话问我："王老师，吃鸡蛋真的会使年轻女性死亡吗？"因为人很容易受到颠覆性言论的影响，吃了一辈子鸡蛋，突然听到这句话就不吃了。媒体对于这种颠覆性言论应科学求证后再予以传播，以免误导大家。

因此，我在讲食物重要性的同时，也提醒各位要注意这些夸大或者扭曲食物作用的言论。为了自己和家人的健康，要注意甄别信息。

三、减肥，终究离不开吃

一个人重视对自身体重的管理和判断是非常重要。很多人天天刷短视频、关心八卦，但跟自己健康息息相关的体重管理，很多人却严重忽视了，食物摄入营养与体重管理的关系更是鲜有人关注。有人不管营养是否丰富，一味追求越瘦越美，有人觉得胖起来无关紧要，所以大吃特吃，这是非常常见的两个极端。

一个极端是瘦。一位著名的模特，不幸于 2010 年 11 月 17 日去世，时年 28 岁，这位年轻女性身高 1.64 米，2007 年的体重仅 29 千克，最终因过瘦导致严重健康问题而死亡。我经常会遇到这样的女性学员，她们为过度追求体型美而恶性减肥，最后患上厌食症。过瘦的年轻女性通常会有闭经、心率慢、活动能力差等问题，但即使在这样的情况下，很多女性还是每天只喝一点酸奶，吃有限的一点儿蔬菜。给她们讲解正确的营养饮食观念占据了我很多工作时间，这也是促使我创作这本书的一个动力。

另一个极端是肥胖，这个更加普遍。令人感到担心的是，人类目前还没有发现体内脂肪的上限，这个上限记录不断被刷新。现在直播中有一类"变态"的直播叫"吃播"，以暴饮暴食为直播亮点，虽然看起来过瘾，但主播往往都很胖，而且我们时常会听到某吃播达人猝死的新闻。这本身就是对暴饮暴食人群最好的提醒。

虽然遗传、药物、熬夜也会增加肥胖的风险，但绝大多数的肥胖还是饮食不当诱发的。所以，对于想要减肥的朋友，一定要明白，调整饮食结构是减肥的核心！

很多人为了减肥，尝试了吃药、节食、辟谷、抽脂等多种方法，虽然短期有效，但长期来看大多都反弹了、失败了，本质原因就是没有调整饮食结构，最终治标不治本。

有些人明知道油炸食品不好，但每次油炸食品摆在面前的时候，内心就会长草，告诉自己"没关系，下一顿我少吃点，这顿我先享受一下。"一次无妨，若顿顿享受就太任性了。

还有些朋友说："我减不了肥。"问他为什么，他说他喝凉水、喝西北风都长肉。我告诉大家，这是典型的误区。我可以明确地、负责任地告诉各位，喝凉水、喝西北风不可能长肉。凡是拿这个做借口的朋友，一定是在喝凉水和西北风之外，喝了别的东西才多长了那么多脂肪。

所以，想要减肥，终离不开"吃"。

四、吃得多可能因为穿得太宽松

大家都说心宽体胖，其实不然，心宽不一定胖，穿衣服太宽松才容易胖。

举一个例子，犯人在监狱吃得好吗？肯定不如在家吃得好。运动量少吗？不少，劳动和日常活动都不少。但他们在监狱服刑后体重会增加，这是为什么呢？这个长胖的焦点就集中在他们所穿的衣服上。他们的囚服都很宽松，这就让他们对身材放松了警惕。

脂肪在没有约束的情况下，生长得也比较轻松。

再举一个例子，你穿松紧带的运动裤吃饭与穿贴身西裤吃饭相比，哪个会吃得多？肯定是穿运动裤时吃得轻松，饱腹感来得比较慢，吃得就多。

因此，穿宽松衣服吃饭，也成了肥胖不可忽视的因素。如果想控制食欲减肥，别穿太宽松的衣服。

当然，还有很多方面让人们吃得更多，脂肪合成多于消耗，在此先不赘述，在后面的章节中我们还会涉及各种有关吃的问题，大家慢慢了解。

我们常说保持健康，但有很多年轻人觉得自己还不到关注健康的年龄，真是到了胖到需要减肥的时候才想到改善饮食。还有些朋友会精于计算食物的营养素含量，但永远不运动，这在健康管理上是有短板的。用计算机计算食谱，用电子秤称食物，但不运动、不控制烟酒、情绪紧张，最后也会出现非常糟糕的结局。因此，我们要对健康生活方式做整体的考虑。

其实，在健康这个大范围内，饮食营养不是观念，不是理论知识，不能纸上谈兵，它是要落实在餐桌上、厨房里的具体的科学饮食行为。希望大家都能够践行科学的饮食行为和生活方式。

人体一天需要的热量

"量出为入"，在了解自己一天需要吃多少，如何控制饮食之前，我们需要先了解一下消耗量中的基础热量消耗（BEE）。基础热量消耗是指机体为了维护正常生理功能和内环境稳定及神经系统活动所消耗的热量。

成人每日需要的热量＝人体基础代谢需要的基本热量＋体力活动所需要的热量＋消化食物所需要的热量

一、人体基础代谢需要的基本热量

人体基础代谢需要的基本热量的简单算法：

女子：基本热量（千卡）＝体重（斤）×9

男子：基本热量（千卡）＝体重（斤）×10

人体基础代谢需要的基本热量的精确算法（单位：千卡）：

★女子

18～30岁：14.6×体重（千克）+450

31～60岁：8.6×体重（千克）+830

60岁以上：10.4×体重（千克）+600

★男子

18～30岁：15.2×体重（千克）+680

31～60岁：11.5×体重（千克）+830

60岁以上：13.4×体重（千克）+490

以我为例，我的体重为68千克，那我的基础代谢所需要的基本热量为：11.5×68+830=1612千卡。

二、体力活动所需要的热量

每日体力活动所需热量 = 人体基础代谢所需的基础热量 × 百分比

1. 久坐

一天的绝大多数时间坐着（如办公室人员，程序员，秘书等），男性所消耗的热量占基础代谢所需的基础热量的 15%；女性占 10%。

2. 轻微活动

一天的绝大多数时间走着或站着（如老师，邮递员，家庭主妇等），男性所消耗的热量占基础代谢所需的基础热量的 35%；女性占 30%。

3. 中度活动

走路和进行一些较轻的体力劳动（如店员，维修工等），男性所消耗的热量占基础代谢所需的基础热量的 45%；女性占 40%。

4. 强度活动

进行体力活动的工作（如农民工，建筑工人，舞者等），男性所消耗的热量占基础代谢所需的基础热量的 75%；女性占 70%。

5. 超强活动

非常繁重的体力动作（如矿工，野外导游等），男性所消耗的热量占基础代谢所需的基础热量的 100%；女性占 90%。

如果我一天都在办公室工作，那么我的运动消耗量为：我的基础代谢所需要的基本热量 ×15%=1612×15%=241.8 千卡。

生活中其他一些活动和健身所消耗的热量见表 2-1 所示，大家不用计算直接参考即可。

表 2-1　运动 1 小时消耗的热量

运动名称	热量 / 千卡	运动名称	热量 / 千卡
午睡	48	跳有氧运动	252
看电影	66	慢走	255
看电视	72	骑马	276

续表

运动名称	热量 / 千卡	运动名称	热量 / 千卡
工作	76	打桌球	300
开车	82	跳舞	300
念书	88	体能训练	300
逛街	110	跳健美操	300
插花	114	打网球	352
洗衣服	114	滑雪	354
熨衣服	120	仰卧起坐	432
遛狗	130	跳绳	448
洗碗	136	打拳	450
泡澡	168	爬楼梯	480
买东西	180	快走	555
骑脚踏车	184	慢跑	655
打高尔夫球	186	快跑	700
打扫	228	练武术	790
郊游	240	游泳	1036

三、消耗食物所需要的热量

消化食物所需要的热量 =10%×（人体基础代谢需要的基本热量 + 体力活动所需要的热量）

我每日消耗食物所需要的热量 =10%×（1612+655）=226.7 千卡。

那么，成人每日需要的热量就是以上三个数值的相加。还是以我为例，我每天需要的热量为：1612+655+226.7=2493.7 ≈ 2500 千卡。

如果觉得上面基础热量消耗的计算方法比较麻烦，也可以用下面这个公式计算自己的基础热量消耗：

男性，BEE（千卡）=66.4730 + 13.7516（千克）w + 5.0033（厘米）

s – 6.7550（岁）a

女性，BEE（千卡）= 65.0955 + 9.5634（千克）w + 1.8496（厘米）s – 4.6756（岁）a

公式中 w（体重）数值单位为千克，s（身高）数值单位为厘米，a（年龄）数值单位为岁。

虽然两种在计算数值上有差异，但差距不大，可以作为我们热量摄入的参考值。

学会计算自己的基础所需热量，目的是设置减肥期间的热量摄入。减肥期间的热量是要低于自身的基础所需热量的，只有这样才能达到消耗自身热量减肥的目的。仍以我为例，如果我想减肥，那每天的热量摄入就一定要低于 2500 千卡。否则，身上的脂肪就总是"板凳上的替补队员"了，永远没有燃烧的机会。

除了以上的算术题，我们还要明白一些"变量"，因为人体的代谢非常的复杂，减肥也不是我们想象中的呈直线进行，而是一个呈波浪型推进的过程，减肥过程中经常会遇到各种困扰和阻碍。

减1千克脂肪需要多久？

一口吃不出一个胖子，同理，少吃一口也不能立刻就变成个瘦子。增肥需要时间，减肥同样需要时间。

减肥基本的原理就是能量的摄入量要小于消耗量，造成能量缺口。那你知道要减掉1千克脂肪需要消耗多少热量吗？答案是7700千卡。也就意味着当消耗量减去摄入量累计起来有7700千卡的时候，你就能减掉1千克的脂肪。基于这样的模式，我们营养师会问"你想减多少斤？"在保证健康和安全的模式下，我们都会尽可能帮你实现。

注意，这里说的是1千克脂肪，不是1千克体重。如果你问有区别吗？当然，区别可大了。1千克体重很可能是水分、肠道残留物。而1千克脂肪就是1千克脂肪，是1千克脂肪细胞内的脂肪。

我们没有办法将脂肪掏出来放秤上称出1千克，那怎么知道自己减了1千克脂肪呢？那就是你要制造身体热量缺口。

10克脂肪≈90千卡，相当于：

——1瓷勺植物油或蛋黄酱；

——1瓷勺奶油；

——2瓷勺花生酱；

——65克牛油果；

——2颗核桃；

——6颗杏仁、腰果或混合坚果。

1千克脂肪≈7700千卡。

1千克脂肪的热量基本上在7500～8000千卡。如果想减掉1千克脂肪，至少要燃烧掉7700千卡的热量。

那这个 7700 千卡又是什么概念？

7700 千卡 ≈ 85 瓷勺植物油或蛋黄酱。

7700 千卡 ≈ 171 瓷勺花生酱。

7700 千卡 ≈ 510 颗腰果。

7700 千卡 ≈ 15 个巨无霸汉堡包。

7700 千卡 ≈ 69 根中等大小的香蕉。

那么，如果减少 7700 千卡的热量，需要多久？

如果你从现在开始少吃一碗米饭，估计需要 35 天才能让身体累计消耗 7700 千卡，能减掉 1 千克的纯脂肪。

如果你每天坚持跑步 1 小时，至少需要 13 天才能让身体累计消耗 7700 千卡，能减掉 1 千克的纯脂肪。

如果每天少吃 1 碗饭加上 1 小时的运动，至少需要 8 天能让身体累计消耗 7700 千卡，减掉 1 千克的脂肪。

这么一算，其实减掉 1 千克脂肪，也没有大家想象得那么难。

同样的 1 个月时间，摄入相同的饮食，不同的人下降的体重不会一模一样，因为每一个个体本身就存在着较大的代谢差异，而且不同的生活习惯也可能会影响体重下降的速度。

有一位朋友的减肥行动是：早餐与以前一样，在家吃 1 个鸡蛋、一袋牛奶、2 片面包，到办公室喝一杯无糖咖啡；午餐在单位吃食堂，不过在以前的饮食基础上增加了肉的摄入；晚餐变化相对比较大，周一到周四，4 天的晚餐减少，但依然会吃一些，而且晚餐时间从 20：00 左右提前到 17：30 左右。到了周五晚上，依然下班吃晚饭，有主食和蔬菜，周六和周日按照以前的生活习惯，与家人一日三餐，饭量不增不减，只是几乎不吃零食。除了饮食外，按照以前的习惯，减肥期间也没有增加额外的运动。就这么调整了一下，1 个月体重从 57.6 千克降到了 55.8 千克，降了 1.8 千克。

举这个例子是想告诉大家，减 1 千克不一定要疯狂地节食，也许稍微调整一下晚餐时间和食物摄入结构，再稍稍减少一点儿摄入量，不到

1 个月也能轻松减掉 1 千克体重。

　　当然，你想加速减肥也可以，在少吃的基础上再少吃，增加每天的运动时间和强度。减肥速度可以加快，但能坚持多久呢？我们减肥是需要持之以恒的效果，不想要昙花一现的惊艳，更不希望反弹。每周体重下降控制在 0.5～1 千克就行，每月减掉 1～2 千克已经是非常好的成绩了。积少成多，贵在坚持，不反弹才是我们减肥的最终目标。

走出八大减肥误区

在减肥过程中，很多朋友碰到过一些误区，我希望带领大家走出来。

一、减肥误区

1. 一边吃饭一边喝水

有些人为了尽快达到饱腹感，吃一口饭喝一口水。通常情况下，吃饭期间喝水也不是一定要禁止的。比如，吃窝窝头、馒头等粗糙、干涩的食物时，喝100～200毫升水、汤或者粥可以防止噎到，也有利于吞咽和消化。但如果不是特别需要的情况下，边吃饭边喝水，会让咀嚼频率减少，太多的水也会稀释胃酸，影响胃酸对食物蛋白质、脂肪、淀粉等的消化，也不利于胃酸的杀菌作用，会增加患肠胃炎的概率。

2. 不吃晚饭

有人说："我靠不吃早饭或者晚饭来减肥。"我告诉大家这很不靠谱。

首先，这种减的往往不是真正的"肥"，而是水分。我有一位朋友，他不吃晚饭，结果半夜被饿醒了，饿得头晕眼花，这是明显的低血糖。低血糖反应若持续存在对大脑是很不利的，甚至可以导致很严重的后果。后来这个朋友恢复吃晚饭了，结果又造成体重反弹，得不偿失。所以我建议减肥仍然要保持一日三餐的规律进食，不过每餐的量比以前都均衡性地下降，有比例地降低才是真正的合理。

其次，**在饥饿状态下，通过饮食摄入的热量将更容易转化为脂肪而储存在体内**。也就是说，第二天的早餐、午餐更容易转化为脂肪，这就与减肥的愿望背道而驰了。通常所见的因为不吃晚饭而减重的情况，多是由于肌肉大量流失造成的。但从长远看，肌肉的流失会使我们的基础代谢消耗降低，最终反而会妨碍减肥。

3. 不吃主食

主食富含碳水化合物，不吃或少吃主食，会使机体缺乏碳水化合物。大家要知道，大脑只能利用葡萄糖作为热量来源，而碳水化合物是糖的主要来源，所以不吃主食极易造成头晕、乏力、记忆力减退等症状。减肥期间我们应该减少精白米面这类精致碳水的摄入，用粗杂粮来代替。精致碳水在体内很快就会被分解成葡萄糖，葡萄糖进入血液后，首先会导致血糖上升，刺激胰岛素的分泌，从而促进脂肪的形成；其次，相较于粗杂粮来说，精致碳水中的膳食纤维都被去除掉了，所以饱腹感没有粗杂粮强，容易吃得多，饿得快，导致"饿"性循环，所以在减肥期间不能不吃主食，但是要控制精致碳水的摄入，以粗杂粮来代替部分精致碳水。

4. 只吃水果减肥

水果富含膳食纤维，几乎不含脂肪和蛋白质，所以热量不高。但脂肪、蛋白质和碳水化合物都是人体必不可少的营养素。以水果代餐，无节制地食用只会让人营养不良，人体的代谢功能也会降低。这样的减肥会让机体的蛋白质、脂肪长期过度分解，最终会导致乏力、贫血，抵抗力也会下降。而某些高糖水果吃多了并不好，不利于健康。

5. 不吃饭

身体与饥饿做斗争的过程中，开始会消耗脂肪，但身体为了获取维生素、矿物质、蛋白质和必需氨基酸，会消耗其他组织，比如，肌肉、结缔组织、大脑。而一旦进食之后，身体会迅速将热量储存起来，这就是典型的溜溜球效应——减少食物摄入量会让体重减轻，但恢复进食后就会反弹。

6. 代餐完全取代一日三餐

有人盲目迷信代餐，认为代餐可以替代原来食品中的那些催肥的东西。实际上，这种做法往往是舍本求末。代餐基本上是一些谷物代餐粉、蔬果代餐粉，膳食纤维含量较高，容易产生饱腹感，有利于减少食欲和减肥。如果在饿的时候，将代餐粉作为低热量食物来吃，辅助减肥是可以的，但是绝对不能完全代替正餐，因为长时间代替主食，食物没有多样化，营养素摄入也会不均衡。一旦停止摄入代餐，身体本能地要加大储存缺少的营养物质，体重反弹就变得非常的容易。

7. 摄入超量的蛋白质

既然碳水化合物容易转化为脂肪，有人认为只吃高蛋白食物不但可以解决饥饿问题，还能减少糖类转化为脂肪，有利于减肥、增肌。他们的三餐饮食中，不是吃鱼肉、鸡胸肉、海鲜，就是吃鸡蛋、豆制品等。但是，大家尤其是女性不要忽略一个问题，摄入太多蛋白质会剥夺骨骼中的钙，造成骨密度下降和其他必需营养素的缺乏，还会影响酸碱平衡，产生酮血症和酮尿症，增加肝肾负担。也就是说，虽然高蛋白饮食有益于减肥增肌，但过犹不及，蛋白质摄入过量，可能会招来比超重更严重的疾病。

8. 不要顶着"雷"吃减肥餐

减肥餐就是在原来饮食量的基础之上，把每顿饭的总量下调30%～50%，三餐该吃的还得吃，食物的种类不能有任何的减少。减肥绝对不是让大家顶着一个"雷"——非常负面的情绪下进行营养调理，我们要快乐地汲取营养，快乐地享受饮食健康带来的益处，做自己的营养医生。

减肥餐不等于完全吃素，完全吃素会造成很多营养素缺乏，比如，蛋白质、维生素 B_{12} 等。

减肥餐不是保健品。近些年，出现了"胶囊一族"。一些职场人士出差时，随身会带很多维生素，这些东西可能是需要的，但前提是你得先正常吃好饭，在这个基础上再根据身体需要添加某些维生素。但有的人就拿它当饭吃，那是错误的。

总的来说，减肥餐不是跟美食对抗，也绝不是为了减肥而把所有人都变成苦行僧。我们的目标是：通过合理营养让大家既收获健康，又能够收获美味，给我们的人生带来乐趣。

二、减肥核心六个字

减肥只有六个字——管住嘴，迈开腿。

最近 20 年我们进入了久坐不动的时代，上班坐着看电脑，下班坐着玩手机，驾驶的汽车里程越来越长，这样造成的结果是：不动造成的热量消耗每天减少了 800 千卡，相当于每天多吃了 200 克主食的热量。英国医学杂志《柳叶刀》最新报告显示：坐沙发、看电视类型的生活方式每年致死大约 500 万人，与吸毒致死人数差不多。

三、为减肥订个目标

为自己的减肥设置短期目标和长期目标。减肥行动先从一勺油开始控制，只要你坚持做 3 个月就会让你受益 3～30 年。期间可以记减肥的饮食日记，也可以在厨房里贴一点提醒自己的小提示，增加生活的乐趣，这也是进行自我管理的一个良好方式。

那些减肥成功并保持了很多年不反弹的人，他们都有着类似的"成功因素"：在减肥前，对自己的饮食没有太多关注，对于食物营养也没有太多的了解；在减肥的过程中，对食物有了更多新的认知，并改掉了很多不良饮食习惯。当然，在健康减肥过程中，运动功不可没。

每日摄入食物的数量和种类

想要身体健康，合理膳食非常重要。具体来说就是自己平均每天吃多少油、多少盐、多少蔬菜和水果等。那么，究竟吃多少才算达标？我们先看一下"中国居民平衡膳食宝塔（2022）"，见附录一。合理膳食听起来复杂，稍加拆分就一目了然了。

1. 每日食盐摄入量：5 克

2013 年，世界卫生组织建议人均每日食盐摄入量不高于 5 克，《中国居民膳食指南（2022）》版的食盐摄入建议是每日＜5 克。由于许多食物中本身含有盐，所以真正炒菜的盐应控制在 4 克，相当于一个啤酒瓶的瓶盖的量。如果有高血压、糖尿病、肾病则还需要适当减量。

2. 成人每日食用油摄入量：25 ～ 30 克

2012 年我国居民实际人均每日食用油摄入量为 42.1 克，2022 年的膳食指南推荐的食用油摄入量是 25 ～ 30 克，可以看出对油的摄入还是要控制。

3. 奶及奶制品：300 ～ 500 克

结合个人的饮食习惯，一天摄入 300 ～ 500 克的奶及奶制品是非常健康、安全的。

4. 大豆及坚果：25 ～ 35 克

1 把瓜子 =1 勺油。坚果含有丰富的多不饱和脂肪酸，对人体健康有着很好促进作用，但其含油量高，吃太多也是无益。在坚果的制作上，建议非油炸。比如，炸花生米就不如吃生花生或煮花生健康。

豆制品，如果是豆浆，建议每天喝 250 毫升，如果是豆腐，建议每天或隔一天吃 100 克左右。

5. 动物性食物：120 ～ 200 克

单从补充蛋白质上来看，吃豆制品可以代替肉类，如增加 50 克豆制品，可以减少 50 克肉类。

50 克怎么估算呢？有一个最简单的方法：手指 2 个关节的长度，差不多 2 个手指的厚度，这样大小的一块肉，大概是生重 50 克。血脂、腰围、体重都正常的成年人，一天可以吃 100 克瘦猪肉，或者牛肉，或者羊肉。这里说的 100 克是生重，做熟后重量会减少，50 克生肉变成熟肉后大概是 35 克，所以要是按熟肉的重量来吃，一天的量约是 70 克。如果体重已经超标，就要减少吃肉量。

每周至少食用 2 次水产品。 鱼虾等水产类食物脂肪含量相对较低，且含有较多的不饱和脂肪酸，对预防血脂异常和脑卒中等疾病有一定作用，每周最好吃鱼 2 次或 300 ～ 500 克。

每天一个鸡蛋。 鸡蛋最好的食用方法是蒸和煮。

6. 蔬菜：每天 300 ～ 500 克

餐餐有蔬菜。每天保证 300 ～ 500 克蔬菜，其中，深色蔬菜，如绿色、红色、橘红色、紫红色等蔬菜应占 1/2。建议大家头脑里要有"每天一斤蔬菜、半斤水果"的概念。

7. 水果：每天 200 ～ 350 克

水果要天天吃。血糖基本平稳的前提下，每天保证摄入 200 ～ 350 克，这个水果不能用果汁替代，因为榨汁的过程是营养减少的过程，水果的维生素、膳食纤维会被破坏。蔬菜和水果种类，每日摄入应超过 5 种。

8. 谷薯类：谷类 200 ～ 300 克，薯类 50 ～ 100 克

满足热量摄入，主食不可或缺。大家应做到粗细搭配，全谷物、杂豆类、薯类应占主食总量的 30% 以上。其中谷薯类的基础量是 150 克以上，低于 150 克连人体基础代谢需要的热量可能都不够。

9. 水：每天 1500 ～ 1700 毫升

水是人体的溶剂、清洁剂、冷却剂、润滑剂、缓冲剂，人可以三天不吃饭，但不能三天不喝水。因此，人对水要有一个正确认识。建议大

家每天早上起来喝 200 毫升水，缓慢持续摄入，稀释血液。晚上睡觉以前喝 200 毫升，预防夜里缺水。除了这 2 次喝水，上班的时候，隔 2 小时左右喝 200 ~ 300 毫升水。一天总量大约 1500 毫升，不算吃饭带进的水。

喝水不能抿着喝，需要一杯 200 ~ 300 毫升的水缓慢、连续地喝下去，这样喝水可以在 21 分钟把全身缺水的细胞整体喂饱。如果想减肥，可以在吃饭前半小时先把全身的细胞用水喂饱。

水的温度不宜过高，高温水对口腔、食管、胃黏膜都有损害；冰水，急速饮用可能会引发胃肠道的痉挛，甚至腹痛；25 ~ 35℃ 的温开水最好，这个温度内的水能解渴，也能有效地补充机体水分，对接触的口腔、食管等黏膜也不会有损害。

10. 人均每日添加糖的摄入量：≤ 25 克

添加糖是指人工加入到食品中具有甜味特征的糖类，以及单独食用的糖，常见的有蔗糖、果糖、葡萄糖等。

11. 每日摄入食物种类：≥ 12 种

坚持食物多样化，不偏食，身体才能真的好。建议每天摄入的食物种类不低于 12 种，每周摄入的食物种类不低于 25 种。

目前已经证实，人类必需的营养素多达 40 余种，从需要量的多少来分，可以分为宏量营养素和微量营养素两大类。宏量营养素包括：蛋白质、脂类和碳水化合物，这三种营养素不仅是人体的构成成分，而且是为人体提供热量的主要营养素，因此也叫供能营养素。微量营养素是指人体的需要量相对较少的营养素，包括矿物质和维生素两大类。在矿物质当中又可以根据含量占人体体重的多少分为常量元素和微量元素。常量营养素是指含量大于体重的 0.01% 的各种元素，在人体必需的常量元素中，有钙、磷、钠、钾、镁、氯、硫等；微量元素是指含量小于体重的 0.01% 的各种元素，有铁、碘、锌、硒、铜、铬、钼、钴等。

除了以上，还有膳食纤维及其他植物化学物等膳食成分，想要维持健康它们也是必需的，这些营养素都必须从食物中摄取。

　　《健康中国行动（2019—2030 年）》还倡导一般人群日常要注意，不能生吃的食材要做熟后食用；生吃蔬菜、水果等食品要洗净；生、熟食品要分开存放和加工；日常用餐时宜细嚼慢咽；保持心情平和；食不过量，但也要注意避免因过度节食而影响必要营养素摄入；少吃肥肉、烟熏和腌制肉制品，少吃高盐和油炸食品，控制添加糖的摄入量；足量饮水，成年人一般每天 7 ～ 8 杯（1500 ～ 1700 毫升）水，提倡饮用白开水或茶水，少喝含糖饮料；儿童、少年、孕妇、乳母不应饮酒。

　　对于超重（$24\,kg/m^2 \leqslant BMI < 28\,kg/m^2$）、肥胖（$BMI \geqslant 28\,kg/m^2$）的成年人群，应减少热量摄入，增加新鲜蔬菜和水果在膳食中的比重，适当选择一些富含优质蛋白质（如瘦肉、鱼、蛋白和豆类）的食物。避免吃油腻食物和油炸食品，少吃零食和甜食，不喝或少喝含糖饮料。进食有规律，不要漏餐，不暴饮暴食，七八分饱即可。

　　你吃的量比以上推荐的摄入量是多还是少呢？

10种催肥饮食习惯和10种减肥饮食习惯

　　早在1984年，世界卫生组织就把"肥胖"定义成一种病。随着近些年有关肥胖的危害逐渐普及，大家很在乎体重的控制，但有些朋友不知道怎么科学减肥，该减的不减，不该减的乱减，最后减得一塌糊涂。不仅"肥"没减下来，结果把健康也减没了。所以我们说任何以丧失健康为代价来获得所谓"苗条"的做法都是错误的。

　　我们减肥的真正目的是获得健康，而不是损害健康。我们所有减肥措施的出发点和落脚点，都应该以维护健康为基础。

　　首先，要想避免肥胖，我们要知道生活中那些最容易催肥的饮食习惯。大家要留心一下自己有没有这些习惯，如果有一个或几个，做一些微调或许对减肥就有明显的帮助。

一、十种催肥饮食习惯

1. 吃饭非常快

　　很多朋友可以在很短的时间内吃进大量的食物，也就是我们俗称的"狼吞虎咽"式进食。这种进食方式通常会造成热量超标，容易肥胖。

2. 主食量太大

　　有的人可以不吃菜或只吃两口菜，就能吃下一大盆饭或若干个大馒头，这么吃不仅营养不均衡，还会造成单一营养严重超标，同样会造成脂肪合成过多。

3. 晚餐太过丰盛

　　现在，不管是应酬还是回家，晚餐的丰富度都远远超过早餐和午餐。结果晚餐摄入太多的热量，加之晚饭后缺少运动，从而会造成热量在体内蓄积，产生肥胖。

4. 每一餐都吃得过饱

很多朋友跟我讲："王老师，你倡导这个所谓的七分饱，我从来没体会过。"我问他体会过几成饱。他说："我体会过十二分饱。"他说不吃到十二分饱，感觉这个饭吃得不踏实。这样的情况，多是在小时候由于大量进食造成了胃被撑大。这种超大量过饱的进食，会造成热量超标，以至于肥胖的概率增高，甚至还会引发心脏病等疾病的发生，所以建议大家无论在家还是在餐厅，吃饭吃个七八分饱就可以了。

七八分饱这个程度是人体所需要的食量，在这个程度停下来，在下一餐到来之前既不会提前饿，也不容易胖，有益脾胃健康。如果总是吃到撑才放下筷子，餐后会因为血液都集中到胃，大脑相对处于缺氧状态，容易犯困，再加上饭后没有什么运动量，必然会发胖。

对于不同程度的"饱"，大家可能在感觉上有一些分歧，建议参考表 2-2 所示进行评估。

表 2-2　饱腹程度

程度	就餐感觉
十分饱	一口都吃不进去了，多吃一口都难受
九分饱	已经有胃胀感，但还能吃几口
八分饱	感觉差不多，不饿了，但还能继续吃
七分饱	觉得胃没有满，但对食物热情有所下降，不吃也行
六分饱	胃不觉得饿，但不满足，与下一餐之间容易饿

很多习惯吃到撑才停筷的人，一下吃到七八分饱，会有一些不适应。怎么办呢？古人说得好，"食不言，寝不语。"尝试一下吃饭的时候别有说有笑，或者不要一边看电视、玩手机，一边吃饭，改成慢慢咀嚼食物，多体会胃部的感觉，你就会比以前提前感受到饱腹感，这样也可以减少进食量。

5. 边看电视边吃东西

吃饭不专心的危害很多，肥胖只是其中一方面。这是因为：

第一，吃东西时，胃部为了消化会聚集更多的血液参与消化运动。而在看电视或看手机时，大脑也需要更多的血液提供信息收集。两者同时进行，更多的注意力在大脑，胃部的血液就会减少，便会影响到消化功能，时间久了容易造成消化不良。食物中若还含有人工合成的脂肪酸，这类物质一旦不被消化，比纯天然食物更容易造成脂肪堆积，引起肥胖。

第二，如果是一边看电影或综艺节目一边吃饭，电影或节目没演完但饭吃完了，此时大家又不愿意暂停去洗碗，所以就继续看电影，但嘴还不停着，吃着水果或零食直到电影结束，摄食才结束，这样很容易造成热量超标，引起肥胖。

6. 常吃热量高的甜食、油炸食品

常吃奶油、肥腻的食品，就是高油、高糖，或者是糖油混合物的食物很容易让摄入的热量超标，体内脂肪增多。其中带有"酥"字的食品就是高热量的典型。

带"酥"字的食品，最常见的是蝴蝶酥、凤梨酥、蛋黄酥等。实话说，它们挺好吃的，但热量是真的高。看看它们的热量（表2-3），如果你喜欢把它们当零食，时不时地吃一些，那么你长胖，没有一口"酥"是无辜的。

表 2-3 每 100 克"酥"食的热量

食物	热量/千卡	碳水化合物/克	脂肪/克	蛋白质/克
可可酥	381	56.3	15.2	5.9
蛋黄酥	388	76.9	3.9	11.7
凤梨酥	433	70.0	16.7	3.3
鸡腿酥	436	72.7	13.4	6.2
夹心酥饼	482	59.7	24.7	5.3

续表

食物	热量／千卡	碳水化合物／克	脂肪／克	蛋白质／克
桃酥	483	65.1	21.8	7.1
雪花酥	487	53.5	24.9	12.2
起酥	500	45.1	31.7	8.7
蝴蝶酥	506	63.4	24.0	9.0
凤尾酥	511	64.2	25.3	6.6

这些"酥"食，之所以能"酥"一定有油炸、烤的过程：面要与油揉在一起，才能出来很多层次感；经过油炸或烤，才能有脆的口感。所以，这些食物的热量通常都比较高。还有，它们还是反式脂肪酸大户，经常食用对身体健康不利。

除了带有"酥"字的食物，还有一些食物需要"裹"一层东西，如面包屑等，再经过油炸，就把玉米、香肠等变成另外一个样子，吃起来香脆可口。如果喜欢，还可以蘸上各种酱料。这个小吃在夜市很常见，春节庙会上也能看到，如果大家喜欢吃，可要小心了，它们同样容易催肥。

7. 大量饮酒或经常喝含糖饮料

很多人不喜欢喝没有味道的白开水，就是喜欢喝甜味的果汁或碳酸饮料，大家看看这些饮料的配料表，有多少你熟悉的成分，又有哪些成分是你不知道它的作用的？还有，每个饮料瓶上都会有热量值，但不是每个人都会关注，很多人把饮料当水喝，热量不知不觉就高了很多，加之不爱运动，体重增长几乎是每天都在发生的事情。

8. 用吃作为精神奖赏

开心了，吃点好的；不开心了，吃点好的；日子太平淡，吃点好的。体重偏胖的人喜欢把"吃"作为生活的奖惩或精神生活的追求。有时候看着体重和爱好发生冲突，总会有人问一句："喜欢吃是错吗？"我想说喜欢吃不是错，但也不完全对，那要看吃什么，吃多少，怎么吃。

喜欢吃，是个人的爱好，应该受到尊重。但如果你的爱好是"吃"，影响了你的健康，作为营养师，我就会重新评估它的优劣及去留。

因喜欢吃而胖，一方面是吃多了，另一方面是吃"错"了。吃多了很好理解，任何食物，无论纯天然还是深加工，只要吃多就会热量过剩，最终导致肥胖。而吃"错"，是很多人常常不注意，却在精神上非常依赖的，比如，都知道可乐不健康，但可乐的呛劲儿、爽劲儿对于一些人都是一种诱惑，戒不掉。

9. 怕浪费

节俭是我们中华民族的传统美德。幼儿园的小朋友都会背诵古诗《悯农》，其中"锄禾日当午，汗滴禾下土。谁知盘中餐，粒粒皆辛苦。"这几句在我们一生中不知道会说过多少次，也影响着我们的餐桌文化生活。

很多人，尤其是经历过粮食短缺年代的人，对浪费食物更是深恶痛绝。有人看到大家都吃完饭了，盘子里还剩几口菜、几口饭，觉得扔了可惜，留着又不够下一顿吃，自己就嘴里叨叨着："我都吃饱了，就那么几口，你们不吃我吃了吧。"又坐回餐桌前风卷残云一般，将剩下的饭菜都吃干净了。

这样的节俭，看似是对粮食的尊重，实则是变相的浪费。做少一点饭不就好了吗？经常"多吃一点"对于身体健康来说肯定是不好的，总是吃饱了还继续吃，摄入身体的热量就过高了。"节俭"之后迎来的就是"富贵"的身材了。算一笔经济账的话，那几口饭菜的钱与吃降脂、降压或降血糖的药比起来，少多了。因此，这样的"节俭"是丢了西瓜捡芝麻。

如果真的想在粮食上节俭，做饭的时候就不要做太多，有句话叫"眼大肚子小"。家里做饭的人或者请客吃饭的人，总觉得做少了或点少了饭菜，大家不够吃，实则大家根本吃不了那么多。我觉得做饭或饭店点餐，够吃就行。国家提倡的"光盘行动"，目的就是反对铺张浪费。

10. 光吃不动

毋庸置疑，光吃不动，必然会造成热量在体内的蓄积。而且越胖会让你越不爱运动，越不爱运动反而会越喜欢吃东西，体重也会越来越重。就这样形成一种恶性循环。

二、十种减肥饮食习惯

知道了之前讲的十大催肥的错误饮食习惯后，大家就该步入正确的减肥做法。

1. 少量多餐

每餐只吃七八分饱，也就是差这么几口就饱的时候就不吃了。"七分饱"的感觉大家慢慢体会，慢慢形成习惯。

2. "少吃一口效应"

什么叫一口效应，就是有些人不经意就吃一口零食，或者多吃一口饭等。这个一口，大家不能小觑。一口的概念是什么呢？我们按照一口摄入 38.5 千卡热量计算，这样的一口食物包括：半个饺子、1/4 段的香蕉、1/5 段的油条、11 粒花生米或者是 1～2 片苏打饼干、8 个开心果、半瓷勺植物油等，这都是所谓的"一口"。大家别小看每天多吃一口，坚持一年下来，如果你运动量不增加的话，因为多吃这 365 口，体重会净增 1.5 千克。而我们减肥就要从少吃一口开始，我叫它"少吃一口效应"。也就是说，如果你真正能做到每餐都少吃一口，大家不用太痛苦，体重就能减下来。而且这种少吃一口的做法往往并不影响自己的进食质量和生活品质，也容易坚持，大家不妨一试。

3. 细嚼慢咽

尽量减慢进食速度，每口咀嚼 25 次再咽下去，这样吃一顿饭可以用 20～30 分钟的时间。目前国际上有些研究发现，肥胖的人往往吃饭快，一般胖的人吃一顿饭只需要 5～8 分钟，而瘦的人呢，每顿饭可以吃 15～20 分钟。大家看出差别了吧？所以希望大家一定要把吃饭的速度减下来，充分咀嚼每一口饭菜，后面的章节我会仔细说这个话题。

4. 选择一些小号的餐具

吃饭的时候选用非常小的碗，一碗又一碗好像吃挺多的，实际上，吃三四小碗的总量可能也赶不上你原来大碗的一半，这是利用了心理上的暗示。

5. 选择低热量又容易有饱腹感的食物

选择一些低热量又能产生饱腹感的食物，像大白菜、菠菜、芹菜、冬瓜、苦瓜、白萝卜等食物，它们吃进去以后在胃内占的体积比较大，而它们的热量又不高，所以很容易产生一种饱腹感，还能减少后面食物的摄入，对减肥是非常有帮助的。

6. 改变进餐顺序

进餐的顺序可以是：先喝汤，再吃菜，然后吃点豆腐，再吃点肉，最后吃主食。这个比上来就吃一个大包子或一大碗米饭更有利于控制热量的摄入。

7. 少吃含隐形脂肪的食物

比如，花生、瓜子、核桃，看着好像不含"油"，实际上不但含油，而且含量还很高。我们吃平铺一盘的花生米，等同于吃进一汤勺食用油，所以有的时候看不见的这些脂肪往往成为催肥的利器。

8. 控制过辣和过咸的食物

盐分的高摄入，辣椒的高摄入，容易促进食欲，造成我们多吃饭。这个会在无形之中产生催肥的效果。

9. 控制零食

一些零食和饮料，吃一口或者喝一口，可能没什么催肥效果，可是很多人往往不可能一口就满足，而是吃很多口或者是喝很多口，这样就可能造成在三餐之外摄入额外的高热量。这也是催肥的一个重要的原因。

10. 合理分配三餐

如果每天要吃得营养、丰富，还要避免损伤脾胃，我建议大家将这一日三餐的饮食进行合理地分配。比如，全天要吃米饭、肉、水果、鸡蛋、蔬菜，喝牛奶，以及一些饼干等零食。那么，我们将高热量的食物，如肉、蛋、主食等都放在上午或中午吃，将低热量的食物，如蔬菜、牛奶放在晚上吃。这样既能保证全天的营养，还能控制晚上睡眠状态下身体内的食物热量释放得过多或过低。

规范饮食是非常不容易的事，辨别饮食命题的真伪更是非常困难的事，希望每个人都可以成为自己的健康营养师，这也是我做科普的出发点和落脚点。希望大家能有一定的自控力，能将饮食习惯调整为自己能坚持且合理的状态。

减肥餐：3+2+1+1+1

科学的减肥饮食，也称"低热量膳食"，它与平衡饮食不同之处在于：平衡饮食要求七大营养素（蛋白质、脂肪、糖类、维生素、矿物质、膳食纤维和水）按照标准比例供给，满足人们每日营养的需要；低热量膳食则是在满足蛋白质、维生素、矿物质、膳食纤维和水这五大营养素的基础上，适量减少脂肪和糖类的摄取，使摄入的热量少于每日人体消耗量，达到热量负平衡，从而逐渐减少体重。

低热量膳食在食物选择上，可以选择容易有饱腹感、纤维多的食物，如新鲜蔬菜、水果，这类食物可以有效控制食欲。在烹调方法上，以不加工、粗加工或简单烹调的方式为宜，吃生的新鲜蔬菜和水果而不是喝蔬果汁；选择清蒸、水煮、凉拌食物，这样烹饪的食物比油炸、煎炒食物热量低得多。肉类优选鱼肉和去皮的禽肉。

前面把减肥餐的大框架搭好了，下面开始做一些精打细算，低热量膳食中的"热量"，每日摄入多少才合适呢？

对于很多肥胖者而言，每日摄取 1200 千卡的热量是减肥饮食中最常见的热量标准。1200 千卡意味着多少食物？

1200 千卡大约是"3 两（150 克）主食、2 两（100 克）肉、1 个鸡蛋、1 杯奶、1 斤（500 克）蔬菜、一点儿油"，简称为"3+2+1+1+1"。其中 3 两（150 克）主食是生米或面粉等生食的重量；2 两（100 克）肉是生肉的重量；1 斤（500 克）蔬菜也是生的蔬菜重量。

在这里还要跟大家说一下，50 克生米差不多能做 130 克的熟米饭，50 克的面粉能做出 75 克的馒头，如果 150 克都是生米，那么熟米饭差不多 390 克，按照 250 克一碗米饭的话，差不多一天要吃 1.5 碗；如果

150 克都是面粉，那么馒头差不多 225 克馒头，按照 120 克一个馒头计算，一天要吃 1.8 个。

100 克生肉如果做熟的话，差不多是 70 克重的熟肉。如果想减肥，我们尽量在肉类（猪肉、牛肉、羊肉、鸡肉、虾肉、鱼肉等）中选择脂肪含量低的，比如，家里有猪五花肉和猪里脊肉，那最好选择猪里脊肉；牛羊肉和鸡肉、鱼肉，现在可以改吃脂肪含量更低的鸡肉或鱼肉。无论哪种肉，做熟之后全天的摄入最好不超过 70 克。

100 克生的蔬菜如果做熟，差不多相当于 1 个网球大小，一天吃 500 克蔬菜就相当于要吃差不多 5 个网球那么多熟的蔬菜。

如果想减肥快一点，我建议将蔬菜量增加，生蔬菜可以增加到 750 ～ 1000 克，同时减少主食的摄入量。如果你想减肥，但有功能性消化不良或者胃肠道有炎症，那么蔬菜量就不合适增加了，而且还要在 500 克的基础上减少，每天最好摄入 200 ～ 400 克，尽量不要吃生的，要煮熟或炒熟了吃。

为了减肥，除了全天的饮食量要有个适量控制外，在营养素摄入结构方面也要有所注意，最好是"7 减 2 原则"，也就是在 7 大营养素的基础上，减少 2 个营养素，即减少脂肪和糖类的摄入。

热量呢？在本章的前面已经教大家怎么计算每日所需的热量了，只要食物摄入的热量低于每日消耗的热量，就可以达到减肥的效果。比如，我每日所需的热量是 2500 千卡，如果我一天的饮食热量是 1200 千卡就能达到减肥的目的。当然，我体重正常，不用再减肥了。如果你每日所需的热量是 3000 千卡，又不想着急减肥，那么你在减肥期间的饮食热量可以从 2100 千卡开始，也就是先减少 30% 的热量。坚持 2 个月后再从 2100 千卡的基础上继续减 30% 的热量，也就是开始每天摄入 1470 千卡。这样就可以避免身体因为摄入突然减少而产生的不适，如低血糖、心情烦躁等不利于坚持减肥的情况。

下面为减肥的朋友们提供一套简单实用的 1200 千卡的食谱，供大家参考。

一、常规饮食（一日三餐，表2-4）

表2-4　常规饮食食谱举例

餐次	食谱
早餐 （450千卡）	1片（60克）吐司面包（167千卡）
	250毫升全脂牛奶（135千卡）
	1个煮鸡蛋（76千卡）
	1个（172克）桃子（72千卡）
午餐 （444.6千卡）	100克熟米饭（116千卡）
	1个（130克）小红薯（71千卡）
	70克蒸鸡肉（89.6千卡）
	200克青椒炒花菜（124千卡）
	100克清炒绿豆芽（44千卡）
晚餐 （311.5千卡）	50克红薯玉米窝头（72.5千卡）
	100克拌菠菜（42千卡）
	100克番石榴（53千卡）
	200毫升酸奶（144千卡）

二、少吃多餐（一日五餐，表2-5）

表2-5　少吃多餐食谱举例

餐次	食谱
早餐7：00～7：30 （293千卡）	1杯不含糖的脱脂牛奶（135千卡）
	1片全麦包片（82千卡）
	1个中等大小的煮鸡蛋（76千卡）
上午加餐9：30 （23千卡）	1个中等大小新鲜的西红柿（23千卡）
中餐12：00 （331千卡）	100克米饭（116千卡）
	200克清炒茼蒿（100千卡）
	100克银耳黄瓜烩鸡片（115千卡：鸡胸肉100克，适量辅料，油10克）

续表

餐次	食谱
下午加餐 15：30（82 千卡）	无糖燕麦片 25 克冲服（82 千卡）
晚餐 19：00（257 千卡）	100 克紫米粥（46 千卡） 100 克炒茄丝（132 千卡） 100 克大拌菜（79 千卡：黄瓜 25 克，胡萝卜 25 克，生菜 50 克，切丁切块，用醋和盐拌好）

也许有人会注意到，晚餐我说的是大拌菜，而不是更洋气的蔬菜沙拉。为什么呢？

很多人减肥会抱着一大碗由各种蔬菜和沙拉酱混合而成的蔬菜沙拉，她们会计算这一大碗菜中，黄瓜、莴苣、生菜、胡萝卜、西红柿等各有多少克和多少热量，却不去计算沙拉的热量。殊不知，沙拉酱的基础就是植物油 + 蛋黄 + 酿造醋，而且含有大量的反式脂肪酸，100 克沙拉酱的热量为 369～614 千卡，脂肪含量在 36.4～63.4 克。一份沙拉的热量相当于 2 个汉堡，而所谓的 0 脂肪沙拉，其热量相当于 9 块方糖，所以，你在吃蔬菜沙拉的时候，那几口沙拉酱比一大碗的蔬菜总热量都高，自以为"吃草"实则在吃"汉堡"。正是这个原因，我在晚餐中，设置的是大拌菜，而不是蔬菜沙拉。

说完沙拉酱的问题，再说说菜式的问题，那就是以上的三餐不是一成不变的，我们可以用热量相似的蔬菜、五谷、水果、肉等去替换，比如，中餐的清炒茼蒿，可以换成柿子椒、韭黄、蒜黄、苦瓜等，这样菜样丰富，吃得也不会腻。

三大营养物质，该怎么吃？

人类日常饮食摄入的七大营养素维持了人正常的生命活动。如果想减肥，无论你通过饮食减肥还是运动减肥，减肥的方法无非就是热量负平衡。在这七大营养素中，提供人体热量的主要是三大营养素，也就是碳水化合物、蛋白质和脂肪。很多研究营养的人就特别关注这三大营养素以何比例摄入才能让减肥更加健康而且不反弹。

一、三大营养素摄入多少

三大营养物质一天的摄入总量可以通过下面的公式进行计算：

每日摄入总量 =（碳水化合物 + 蛋白质 + 脂肪）× 去脂体重

例如，你目前的体重是 76 千克，你想减重到 71 千克，那你需要减掉 5 千克体重，71 千克是你的去脂体重。

按照减脂时的营养建议，每千克体重需要摄入：碳水化合物 1～1.3 克；蛋白质 > 1.5 克。脂肪的摄入无论体重多少都是 10～25 克。那么，你一天最低摄入的碳水化合物为 71×1=71 克，蛋白质 71×1.5=106.5 克，脂肪 10 克。

如果体重基数大，吃了以上的量后空腹感太强，也可以提高到：碳水化合物为 71×1.3=92.3 克，蛋白质 71×2=142 克，脂肪 25 克。

富含碳水化合物的食物有：白米饭、杂米饭、馒头、面包、玉米、南瓜等。

富含蛋白质的食物有：鸡蛋、牛奶、酸奶、鸡肉、牛瘦肉、羊瘦肉、猪瘦肉、鱼肉、虾等。

富含脂肪的食物有：食用油、肉、坚果等。

富含碳水化合物的食物多来自于主食，因此，我们来看看 71 克的碳水化合物相当于多少主食。

以米饭为例，外卖一盒米饭 ≈ 280 克，每 100 克米饭含有 25.6 克碳水化合物，1 盒米饭的碳水化合物为 280×0.256 ≈ 71 克。也就是说，你一天要摄入的碳水化合物就是一盒米饭的量。这一盒米饭的碳水化合物的量，你可以分两顿饭摄入，也可以分三顿饭摄入。如果是三顿饭最好按照早：中：晚 =5：3：2 的比例进行分配。这样的摄入比例比较符合现实生活，也比较好坚持。蛋白质和脂肪也可以这样计算。

此外，减肥餐还需要摄入维生素，包括蔬菜和水果（非果汁）。

二、各种饮食法的特点

从提倡"低脂饮食"到近些年的"低碳饮食"，以及比较极端的"原始人饮食""生酮饮食"，对于三大营养素的摄入比例，它们好像都有一套理论和对健康有益的实验数据，也各自拥有一大批忠实粉丝。

为了给大家提供合理的建议，我们从饮食结构上看看它们各自的特点。

低脂饮食 吃脂肪和胆固醇含量较低的食物，通常是提倡少吃肉和含油量高的食品。

地中海式饮食 强调多吃蔬菜、水果、鱼、海鲜、豆类、坚果类食物，其次是谷类，烹饪时要求用植物油。

原始人饮食 提倡多吃富含蛋白质、膳食纤维的食物，少吃碳水化合物的食物，效仿旧石器时代人类所吃的食物结构。

生酮饮食 提倡大量摄入富含脂肪的食品，适量摄入蛋白质，减少碳水化合物的摄入。该方法的目的是减少糖提供的热量，促使需要供能的部位，如大脑、肌肉在糖供应不足的情况下，转而通过消耗脂肪来获取热量，而在脂肪大量消耗的过程中，会产生很多酸性残留物——酮体。身体消耗脂肪产生热量的同时产生酮体，这个过程就叫"生酮"，故将通过饮食来达到身体"酮症"状态的饮食模式称为生酮饮食。

阿特金斯减肥法 限制或禁止摄入碳水化合物的食物，建议摄入高蛋白食物帮助减肥，故又被称为零碳水减肥法或吃肉减肥法。

哥本哈根减肥法 通过 13 天的时间，尽量不吃含有碳水化合物的食物，提倡一边吃大鱼大肉一边甩肉。目的是通过严格控制碳水化合物的摄入来达到减肥效果。

以上减肥方法，对三大营养物质的摄入比例有着明显的区别，如表 2-6 所示。

表 2-6 不同饮食方法的三大营养物质比例

饮食方法	碳水化合物	蛋白质	脂肪
低脂饮食	60% ~ 70%	10% ~ 15%	< 20%
地中海式饮食	43%	15%	37%
生酮饮食	5%	20%	75%
原始人饮食	20%	40%	40%
阿特金斯减肥法	10% ~ 15%	35% ~ 40%	50%
均衡型饮食	55% ~ 60%	15%	20% ~ 30%

从减肥实践上看，虽然这些饮食方法中三大营养物质的摄入完全不符合膳食指南提倡的蛋白质：碳水化合物：脂肪 =4：4：2 的营养物质摄入比例，但无论用上面哪个减肥方法，都有达到减肥目的的真实案例。但有些人用过以上的一种或几种饮食方法，减肥并没有成功（包括减肥后反弹和没有达到减肥目标）。不同的人对于这些饮食方法有着不同的感受，这是为什么呢？

下面我们看一下减肥"明星"——地中海式饮食的最新解读。地中海饮食被称为是"世上最健康的饮食方式"。地中海式饮食的名称来源于地中海地区国家（如希腊、意大利、西班牙等）的饮食方式。事实上，在这些国家也在承受肥胖的困扰。在塞浦路斯，9 岁的男孩和女孩中，有 43% 的人超重或肥胖。希腊、西班牙和意大利的肥胖率也超过 40%。

近几年还出现一种"防弹咖啡"，配方是：2杯黑咖啡，2匙奶油（草饲、无盐奶油）、1～2匙椰子油或棕榈油，然后用果汁机搅拌。看它的食物制作就知道，它是一种低碳、高脂的饮品，其实是一种生酮饮食。依靠喝"防弹咖啡"代替传统食物的方式进行减肥，大家纷纷效仿的结果是，有人的体重确实降了，但为此患了脑卒中，险些丢了性命。

回想这些流行的减肥方法，有多少经得住时间的考验呢？

建议大家在看成功案例和短期的体重下降数据时，也要学会分析。地中海当地人们在摄入地中海式饮食时，活动量是怎样的？原始人之所以瘦，真的取决于这样的饮食结构吗？生酮饮食会带来真正的健康吗？

三、各种饮食方法对体重的影响

对于层出不穷的饮食方法，科学家们进行了很多的对比研究。

——无论哪种减肥方式，摄入总量都比"减肥前"减少了400～500千卡，所有饮食都强调摄入天然食物，富含膳食纤维的食物，并减少添加糖和反式脂肪酸的摄入；所吃的减肥餐，坚持时间越长，减重效果就越好。

——长期坚持下来后宏量营养素比例基本趋于相同，减重的关键还在于这种饮食结构是否适用于个人。

——低脂饮食和低碳水化合物饮食都可以成功减重，但要注意健康膳食和总热量比正常时要少。

总之，进行三大营养素的比例变动，并不是我们想象中的那么神奇，只要能坚持，结果都可以减肥，区别在于你是否能长期坚持。

说了这么多流行的减肥方法，我会推荐哪一个饮食方法呢？

我的建议是：禁止摄入某一类食物和过度摄入某一类食物的饮食方法都不选。减肥餐中七大营养物质都要有，虽然为了减肥，三大营养物质的摄入可以稍作调整，但整体上饮食结构中不能缺少任何一个营养素，即使身体所需要的量非常少。

我们的膳食需要摄入什么，是大自然千万年进化、选择的结果。而现代人好像总是喜欢与之对着干：要么不吃某类食物，要么过分迷信某类食物，这样的做法均不可取。

　　了解食物的营养成分是一方面；结合自己的身体状况和饮食常识是另一方面。万万不可轻信"成功经验"，一旦陷入"偏方"的境界，只看重纸面上分析出来的食物营养搭配，而不考虑更根本的饮食安全问题，这是学马谡的纸上谈兵。尽信书，不如无书。

　　作为营养师，我要做的不仅仅是帮助大家完成减肥的目的，还要考虑长远的健康问题。吃什么？怎么吃？是一件很个人的事情，每个人的成长环境不同，个人身体状况不同，饮食习惯不同，对食物有偏好是很正常的事情。在减肥过程中更重要的是，减肥餐你能够接受，并且能够坚持，不会让身体出现营养失衡的情况。一边减肥，一边享受食物，这总比失去饮食的乐趣强多了。毕竟我们对未来有着美好的憧憬，不仅要身材好，还要有一个高质量的生活。

　　经过多年的实践证明，通过调整饮食结构的方式来减重，无论从减重者的依从度，还是从减重效果，或是从是否反弹来说，效果都是最好的。所以，我联合十多位营养专家，结合 20 多年来帮助他人减肥的经验，在调整饮食结构的基础上，总结出了一套科学的减肥方案——THTL 减重方案，本书第四章会和大家详细分析关于此方案的原理及应用。

细嚼慢咽，优雅减肥

　　对于减肥者而言，体重下降之所以困难，最主要的原因是"饿"，饿是非常难忍的一件事，有人一饿，心情就不好，还爱发脾气。

　　下丘脑是控制我们吃喝的一个中枢，在下丘脑有两个中枢：饥饿中枢和饱感中枢。这两个中枢就像跷跷板，此起彼伏，相互制约又相互依赖。有些人吃饭很快，尤其肥胖的人，吃饭多是狼吞虎咽。大家想没想过，吃饭快与肥胖又有什么关系呢？

　　如果早晨吃得少，一上午忙来忙去，到了12：00左右就开始饿了。为什么会产生饥饿的感觉呢？是因为体内血糖降低了，血糖低会给饥饿中枢一个反馈，饥饿中枢就会兴奋，机体就会收到"想吃饭"的信号。在吃饭补充热量的过程中，人的胃会逐渐撑大，大家说的灌个水饱也是胃被撑起来了，胃被食物撑大就会有神经反馈，当食物经过消化吸收转化成血糖，血糖增高，信息反馈到饱感中枢，这时饥饿中枢兴奋会被抑制，饱感中枢兴奋占上风，大家就不感觉饿了。如果饱感中枢一直不兴奋，那我们吃饭吃到嗓子眼，估计也不知道饱。当然，这种情况非常罕见。

　　从开始吃饭到能产生信号反馈给饱感中枢，需要多长时间完成呢？大概是20分钟。所以我们把吃饭的时间延长到20分钟或以上的时候，我们就会产生轻度的饱感，也就是厌食的感觉，自然而然地自己就会少吃或者不再吃了，进食量就被控制了。如果是狼吞虎咽地吃饭，短时间内来不及产生血糖升高的信号，就容易吃得多，通常已经吃得严重超标了，身体的血糖升高信号才传给饱感中枢，此时想通过饱感中枢兴奋降低食欲已经来不及了。所以我们说，吃饭快的人往往会在不知不觉中进食量大大超标，而这种超标就形成了一种恶性循环，吃得越快，吃得就越多，吃得越多，人就越胖。胃口越大，再吃得快，持续变胖……

我建议每一口饭咀嚼25次。以我自己为例，吃一口米饭嚼了20下，吃一口茶树菇嚼了26下，吃一大口酱牛肉嚼了44下，一小粒花生嚼了17下（做牙齿矫正的人嚼30下），一口炖白菜嚼了17下，一口细面窝头嚼了27下。食物的性质、口腔健康与否都会影响咀嚼的次数。从数据上看，平均每口食物咀嚼25下是合适的，如果咀嚼次数太少就说明吃饭速度快了。

很多艺人为了减肥，也从咀嚼次数上有所侧重。曾经有一个视频，视频中一位已经很瘦的女艺人咬了一口面包，一共嚼了36下才咽下。而另一位偏胖的男演员咬了一口就直接咽下去了。这两个人的对比，一定程度上反映了胖人和瘦人与饮食习惯差异的关系。

提倡大家细嚼慢咽，是因为这样可以促进口腔唾液与食物充分融合，到了胃内有助于食物的分解。尽量将吃饭时间延长，等待神经发出信号给饱感中枢，让大脑来控制食欲，而不是靠自身的抑制，这样的饮食控制更容易被接受。

除了吃得慢些，还要尽量避免单独一人吃饭。饭量少的人与朋友一起吃，往往会多吃一些。不爱吃饭的孩子与很多小朋友一起吃饭也会吃得多。如果这样推理，肥胖的人应该多独自吃饭，但恰恰相反，肥胖的人要想减肥最好与朋友或家人一起吃饭。肥胖的人与前面举例的人不同，他们普遍饭量大，胃口好，独自一门心思吃东西就会吃很多。如果与家人和朋友一起吃饭，在大家的监督之下，吃饭可能会有所收敛，避免胡吃海塞。

早餐和晚餐，不吃会"坏事儿"

在我国引起高死亡率的十大疾病（如高血压、冠心病、糖尿病等），它们最终发展为致命的中风、心肌梗死、肾衰竭等需要一个漫长的过程，可能是 10 年，也可能是 20 年的时间。这也证实了那句老话"千里之堤，溃于蚁穴"，这个"蚁穴"很可能就是错误的饮食习惯。

一、不吃早饭更容易发胖

饥和饱是人体正常情况下的生理反应，该饿的时候不饿，这属于异常现象。人吃了早饭以后，血糖会自然升高，血糖升高会带来胰岛素分泌，胰岛素是人体内唯一可以降血糖的激素，可以将血糖降下去。在这个降糖的过程中，人就会产生饥饿感，然后需要通过吃午饭再完成这样一个血糖上升的过程。人若不吃早饭，目前证实，不仅影响到血糖调节，还会影响体重。

赛克勒医学院和沃尔夫森医疗中心糖尿病部门的 Daniela Jakubowicz 教授领导一些研究者对早餐进行了基因影响研究。有 18 位健康志愿者和 18 位肥胖型糖尿病患者参与了该研究。他们在第一天测试的时间既吃早餐也吃午餐，而在第二天测试的时候只吃午餐。在这两天中，研究人员都对他们的血液进行了测试，目的是测量他们的餐后时钟基因表达情况、血浆葡萄糖、胰岛素和胰高血糖素样肽 -1（GLP-1），以及二肽基肽酶 IV（DPP-IV）血浆活性。试验结束后，Jakubowicz 教授说："无论是健康的人还是糖尿病患者，吃早餐明显改善了与体重减轻相关的特定的时钟基因的表达，并且与午餐后改善的葡萄糖和胰岛素水平相关。"在只吃午餐的测试中，与体重减轻相关的时钟基因被抑制了，志愿者在当天的其他时间里血糖飙升，且胰岛素反应差。这表明，如果不吃早餐，即使你在每天的其他时间里没有暴饮暴食，也会发生体重增加。

短短 4 小时，饮食就能影响人体基因的表达，是否很不可思议？而事实就是这样的，食物对人体的影响远比想象中的复杂和严重。

我的建议是：每天 8：30 之前吃早餐，以维护血糖的平衡和新陈代谢的正常，以助于降低体重。这个早餐最好是"松鼠早餐"。这个名词听起来很有意思，到底什么是"松鼠早餐"呢？小松鼠会把找到的各种食物集中在一起吃，我们的早餐也最好各种食物都来一点，形成一个五花八门的"立体"早餐，而每种食物的量不必多。

"松鼠早餐"，需要满足下面几个条件：

——需要有主食；

——需要有蛋白质，如鸡蛋，煮鸡蛋既方便又能提供优质蛋白质，也有些人早上愿意吃点牛肉，都可以；

——需要补充钙质，如摄入奶制品；

——需要补充维生素，如吃点水果或蔬菜，如 1 个苹果或 1 个西红柿或 1 根黄瓜等；

——需要有稀的食物来滋润，不能纯粹是干的。

总之，"松鼠早餐"就是种类全面，量不能太多。

每天早起 15～20 分钟就可以在家享用一顿简单又不失营养的早餐，而不必饿着肚子去上班或者上班路上边赶路边吃东西。无论为了减肥还是健康，大家应该拒绝边走边吃，因为这样的饮食习惯隐患很多。

胃肠功能受损　边走边吃，大量血液会供应到骨骼肌，导致消化系统供血不足，造成消化和吸收障碍，使胃肠功能受损。尤其在早上，体内热量水平很低，更应该有一个好的用餐环境和气氛，不能边走边吃。

食物被空气污染　在马路上边走边吃，身边车来车往，人会吃进很多细菌、灰尘、汽车尾气。

吸进冷空气　边走边吃，过多的空气会随食物进入消化道中，尤其在天气变冷的时节，易引起腹胀、腹痛、腹泻等不适症状。

神情不专注 走着吃饭，人的注意力往往是不集中的，一边提防交通问题，一边还会有其他的想法，如要挤公车了，食物有味道等。人在情绪纠结中狼吞虎咽地吃东西，极易引起消化不良。

二、不吃晚饭并不能瘦

"不吃晚饭减肥"这一论调，是一个大错误，因为身体既瘦不了，也受不了。不吃晚饭可能引发多种健康问题。

瘦得快，胖得也快 不吃晚饭减肥会导致一种"压榨性"的瘦，身体的反弹能力随时都在酝酿，一旦进食，会吸收更多，反弹更快。建立良好的生活方式，再搭配合理的饮食和规律的运动才是最好的减肥方法。建议减肥者少量节食，如减少 30% 的主食；多吃青菜类食物，每天 500～750 克，少吃高热量食物；同时，配合积极的体育锻炼，如每天 1 小时的运动。这个方法坚持下去，会有不错的效果，并且反弹概率较小。

导致代谢紊乱 饮食不规律，会引起血糖代谢紊乱。曾经有一位糖尿病患者，因为不吃晚饭减肥，半夜被饿醒，这很可怕。其实饿醒也还算幸运，因为可以及时补充热量；若一直不醒，连续低血糖反应 6 小时以上，会造成脑细胞损伤。一些有高血糖、高血压病的老年朋友，千万不要用这种方法控制饮食，不吃晚饭引发的一系列后果是非常要命的。

主食不能少，不吃瘦不了

　　膳食中的碳水化合物是个大家族，不同的碳水化合物在机体内都有着重要的作用。但在各种减肥宣传的诱导下，人们好像普遍对碳水化合物比较抵触，因为它"催肥"：

　　——碳水化合物会在人体内被水解为葡萄糖，葡萄糖会以糖原的形式储存在肝脏和肌肉中，是人体主要的增肥催化剂；

　　——如果胃里的食物富含碳水化合物，会使胰岛素不断分泌，胰岛素忙于消耗大量糖，就会间接限制了脂肪分解，现有的脂肪不分解，新脂肪不断增加，体重就会与日俱增。

　　这么一宣传，都不敢吃碳水化合物了。但其实**碳水化合物是三大营养素之一，对人体有重要作用，不说前提条件就判定它会引起发胖有失偏颇。**如果你的营养本来很均衡，突然一味减少碳水化合物的摄入，能否有效减肥还是其次的，重要的是对长远健康不利。

一、"低碳"饮食有可能导致肠道菌群失调

　　近几年，国际上流行一种减肥方式——低碳水化合物饮食，简称"低碳"饮食，这种饮食方式就是不吃或少吃碳水化合物的食物（主食），只吃肉类、蔬菜。从理论上来讲，人体消耗热量是从最容易分解的糖类开始的，然后才是脂肪和蛋白质，并且随着糖的消耗，身体里面多余的糖分会转换成脂肪储存起来，所以，人们在不吃碳水化合物或摄入碳水化合物不足时，身体就转向燃烧脂肪来提供热量。对于一部分肥胖人士，尤其喜欢吃主食的人来说，这种减肥方式可能具有一定的效果，杜绝或严格减少碳水化合物的摄入，可以从根本上解决食欲失控、

热量摄入超标的问题。但是对于其他类型的人来说，可能需要注意了，肠道中的有益菌——乳酸杆菌如果长时间得不到它们喜爱的碳水化合物，可能会引起肠道菌群失调，肠道中的一些菌群则会趁机捣乱，让人体热量代谢异常，引发其他身体的不适。

二、"低碳"饮食会缩短寿命

很多研究都证实，对健康影响最大的不是胆固醇、脂肪，而是糖。有人由此推断出低碳水化合物饮食可以减少葡萄糖的转化，相当于降低了糖的摄入，因此，推崇"低碳饮食"更有利于健康。

但越来越多的研究证实，碳水化合物过多或过低都会缩短人们的寿命（图 2-1）。

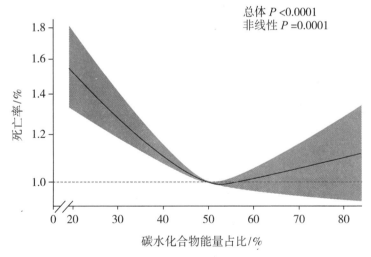

来自碳水化合物的能量百分比与全因死亡率之间的U形曲线

图 2-1　碳水化合物与死亡关系

图 2-1 来自于《柳叶刀》上的一篇文章，这是研究者追踪了 15 428 名成年人 25 年后得出的结论。结论显示，饮食中碳水化合物在中等量

时，也就是碳水化合物占总热量的 50% ～ 55% 时，人们的死亡风险最低。而摄入的碳水化合物低于 40% 或高于 70% 者，死亡风险增加。因此，大家按照膳食指南中推荐的 50% ～ 65% 的膳食碳水化合物供能是最合适的。某些生酮饮食菜谱要求多吃肉和动物油，让碳水化合物供能比低于 20%，这样的饮食模式显然是"不值得鼓励的"，因为从长远看，"低碳"饮食会让你的生命变得短暂。

三、"低碳"饮食会导致蛋白质过度分解

对于我们的生命，如果没有碳水化合物的存在，任何活动都可能会受到影响。而主食中的碳水化合物作为热量的主要来源，无论为了减肥还是维持健康都不能绝对禁止，而是要适当摄入，哪怕是晚餐，也可以喝点粥。因为碳水化合物缺乏，会让身体对脂肪和蛋白质产生过度的需求，以补充碳水化合物缺失的热量豁口，那样的话，体内蛋白质会被大量分解，其中一个后果就是肌肉的流失。

我可以肯定地对大家说，对于减肥，主食是一个"好帮手"。适当吃主食能帮助塑身，而绝非大家想象中的"破坏王"。因为身体如果没有主食做保护，蛋白质吃得再多，也都会像柴禾一样被烧掉，根本起不到营养的作用，最后往往是人虽然瘦了，但蛋白质掉下来了，肌肉少了，贫血可能又来凑热闹了，得不偿失。

四、馒头、米饭怎么选？

不过，在吃主食的时候，大家也会有纠结，馒头和米饭，不知道吃哪个才有利于减肥。有减肥成功的人说不能吃面食（比如馒头、大饼），因为馒头这类的面食淀粉含量高，热量高，而吃米饭比吃馒头更有饱腹感，热量还低一些。还有人说吃馒头好，馒头糙，能"刮肠油"减肥。哪个对呢？

其实，如果吃的量合理，吃哪个都好。

我们看看米和馒头在成分上的区别（表 2-7）。

表 2-7　100 克米和馒头的营养成分

食物	热量 / 千卡	碳水化合物 / 克	脂肪 / 克	蛋白质 / 克	膳食纤维 / 克
米饭	116	25.9	0.3	2.6	0.3
馒头	223	47.0	1.1	7	1.3

　　从数字上，它们之间的热量、营养成分的含量确实有差距。但从现代医学角度来说，吃米饭还是吃面食，对血糖、血脂的影响基本近似，关键在于吃的量。米饭吃多了，血糖照样高；面食吃得合理，血糖一样能保持平稳。

　　在我国，大家吃主食是有明显差别的。南方人习惯吃米饭，如果为了补充营养而选择吃面食，很难接受。山东人特别喜欢吃面食，尤其是馒头，如果为了减肥，让他们改吃米饭好像也太不近人情。减肥的过程虽然辛苦，但也要有人文关怀和地域特色。我的建议是，无论是米饭还是馒头只要控制好摄入量，吃哪个都行。

　　对于喜欢吃米饭的人来说，除了白米饭，还有蛋炒饭、竹筒饭、煲仔饭、荷叶饭、汤泡饭、茶水煮饭等，吃哪个更适合减肥和健康呢？我们先看一下它们的营养成分对比，如表 2-8 所示。

表 2-8　100 克蛋炒饭、汤泡饭、茶泡饭的营养对比

食物	热量 / 千卡	蛋白质 / 克	脂肪 / 克	膳食纤维 / 克	碳水化合物 / 克
蛋炒饭	143	4.5	4.9	0.3	20.5
汤泡饭	91	2.1	4.4	0.7	10.9
茶泡饭	96.5	2.15	0.22	0.39	19.6

　　从热量上看，汤泡饭和茶泡饭比单吃米饭和蛋炒饭要少很多。但考虑到吃米饭时，我们还能咀嚼一下，如果是汤泡饭、茶泡饭，通常不用咀嚼就被吞咽了，未被咀嚼的米粒进入胃内，反而不容易消化。因此，汤泡饭和茶泡饭是不适合减肥和日常食用的，患有胃炎的人更不建议吃。

说这个也是想告诉大家，无论米饭还是馒头，吃的花样很多，无论谁的热量高低，都要适量吃，根据自己的饮食习惯和胃肠健康状态进行选择。

五、薯类主食怎么吃？

在主食中，除了米饭、面食（精白面）两位大将，还有很多可供我们选择，如红薯、全麦面条、全麦面包等。

在我国的膳食推荐中特别强调，我们要多吃点谷类和薯类。谷类和薯类是我们膳食结构的基础，也是我们膳食宝塔的根。在减肥时期，很多营养师都建议用红薯替代主食。

首先，红薯属于低热量（红薯，每100克能释放61千卡的热量；紫薯，每100克能释放106千卡热量。）、高容积的食品。350～400克红薯产生的热量仅相当于100克大米所产生的热量，其含水量和膳食纤维含量还远高于大米，因此，红薯饱腹感强，释放的热量低，适合减肥时期食用。

其次，红薯含有丰富的膳食纤维和维生素C，可以促进肠蠕动，增加排便，起到稀释和减少肠内毒素的作用，有利于改善减肥期间可能出现的便秘现象。

红薯除了有助于减肥，还有一个好处，就是它还富含钾和黏液蛋白，有利于保护动脉血管的弹性。

虽然说薯类有这样多的好处，但是我们也要多方位地了解它，只说它优秀的一面，好像红薯就是无敌减肥食品了。这怎么可能呢？永远要记得食物没有绝对的好与坏。

薯类不宜多吃 有人薯类吃多了会有烧心、吐酸水这样的反酸表现，尤其是老年人肠胃不好更容易出现反酸。有这样表现的人，尽量带着皮吃，控制好摄入量，或者就不要吃红薯、紫薯什么的了。

薯类不含有蛋白质 在非洲的一个村落中，因为没有动物性食品，每天只给孩子们吃薯类，使得每一个孩子都出现了水肿。这是因为薯类的蛋白质很少（每 100 克红薯只含有 0.7 克蛋白质；每 100 克紫薯含有 1.6 克蛋白质），所以长期单独食用会发生水肿型营养不良（低蛋白血症）。我们在减肥期间吃薯类还得适量吃，一天中只要有一顿饭吃点薯类就足够了，而且最好放在早餐或者午餐吃。

一定要吃熟的薯类　一方面，生薯中的淀粉没有办法消化吸收；另一方面，薯类中含有一种特殊的氧化酶，这种氧化酶是活性的，生吃的话，容易造成腹胀、腹泻、呕吐等状况。

六、非精白面的面食

面条是一种很好的增加饱腹感的食物，因为它可以吸水扩大。比如，100 克的面条，吸水后就变成了 400 克。因此，同样重量的米饭和面条，吃面条以后的饱腹感会更强。在各种面粉制作的面条中，除了精白面，还有荞麦面、藜麦面、全麦面等。有些人听说藜麦营养丰富，还被誉为"超级食物"，就想减肥的时候，不吃小麦粉了，只吃藜麦粉。其实，各种面粉的主要营养成分和热量都差不多，如表 2-9 所示。

表 2-9　100 克各种面粉的营养对比

面粉种类	热量 / 千卡	碳水化合物 / 克	脂肪 / 克	蛋白质 / 克	膳食纤维 / 克
小麦粉	362	70.9	2.5	15.7	0.0
藜麦粉	357	57.8	6.0	14.0	6.5
全麦粉	352	65.3	2.1	11.4	11.3
荞麦粉	337	73.0	2.3	9.3	6.5

无论为了健康，还是为了减肥，想单独从某一种食物上满足人体需求都是很难的，因为每种食物其实都有短板。我们如果想达到营养充足、有利于减重，最好是多品种食物搭配，而且要增加全谷物的摄入比例。

七、全麦面包怎么吃?

面包是现在很多人喜欢吃的早餐之一,其中全麦面包更是很多减肥朋友喜欢的品种。

全麦面包是用没有去掉外面的麸皮和胚的全麦面粉制成,颜色微褐,其中含有较多的膳食纤维,而且保留了较多的 B 族维生素,对血糖、血脂的控制有很好的作用。

精面粉面包和全麦面包相比,精面粉面包细腻很多,口感好,但热量会相对比较高,升糖也比较快,不如全麦面包更适合减肥。

因此,减肥期间的面包选择,也要多用心进行挑选,尽量选择热量低的全麦面包,或者自己制作面包,以保证其营养来源的健康和控制热量。

八、吃主食的正确方式

碳水化合物是一个家族,它分为简单碳水化合物和复杂碳水化合物。简单碳水化合物是容易被人体吸收,血糖生成指数(GI)> 75,对血糖影响大,是容易引起脂肪囤积的碳水化合物,包括:果汁、饼干、白米饭、精面粉制成的馒头、面包等,又被称为细粮。复合碳水化合物,是不易被人体吸收,GI ≤ 55,能减缓血糖上升,还能延缓排空时间,增加饱腹感的碳水化合物,这类碳水化合物其富含膳食纤维,包括:薯类、薏米、荞麦、藜麦等,又被称为粗粮。

要想把主食吃得健康,还能有助于减肥,建议:

——粗细结合,细粮和粗粮都要吃,不能仅吃一种;

——早餐和午餐吃复合碳水化合物;

——运动前后,吃简单碳水化合物;

——胃肠不适时,吃简单碳水化合物;

——薯类,如土豆、红薯,肠胃再好也不要多吃。

饺子，"完美食物"的代表

在北方，几乎每到一个节日就吃饺子：除夕吃"更岁交子"饺子，正月初五吃"破五"饺子，立秋吃"贴秋膘"饺子，入伏吃"头伏"饺子，立冬吃"交子"饺子，冬至吃"治冻耳朵"饺子，甚至出门也要吃"上车"饺子……生活好像处处需要吃饺子。

饺子有面、有肉、有菜，从营养上来说，吃一次饺子，就可以吃进去一个完整的营养体，一次可摄入多种营养素。而且，饺子热乎、软烂，非常好消化，老少皆宜，堪称"完美食物"。

当然，饺子馅不同，热量也会不同（表 2-10）。饺子营养好、味道好，但也不能多吃。

表 2-10　100 克不同馅料饺子的营养区别

食物	热量 / 千卡	碳水化合物 / 克	脂肪 / 克	蛋白质 / 克
猪肉芹菜馅	253	22.1	16.8	7.0
猪肉韭菜馅	250	26.0	14.4	7.0
猪肉香菇馅	231	12.6	15.3	12.3
豆腐饺子	169	24.7	4.2	8.8
韭菜鸡蛋	117	25.6	5.4	7.2

通常一个平均差不多 20 克的猪肉馅饺子约能释放 50 千卡的热量。如果有人吃 15 个饺子，总热量就差不多 750 千卡，约为轻体力劳动成年人每日所需总热量的 50% 了。如果要减重，就要少吃几个，肉馅的饺子一顿 10 个比较合适，素馅饺子可适当放宽几个。

控制热量，我们还可以在饺子皮和饺子馅上动动心思。

一、饺子皮

通常大家习惯用纯面粉做饺子皮，为了降低热量，我们可以做一种特殊的饺子皮。2 份面粉 +1 份荞麦面 +1 份玉米面，这样配比做饺子皮比单纯用白面做不仅能降低热量，还多了膳食纤维。面皮加了粗粮之后，口感上也更丰富了，粗中有细的结合非常完美。

二、饺子馅

1. 肉馅

我们通常为了吃着香，都会在瘦肉中加一些肥肉，但患高脂血症和想减肥的朋友不合适这么吃。为了照顾到口味和大家的减脂需求，建议大家用猪皮代替肥肉，猪皮的皮下脂肪尽量剔除干净，这样肉馅的脂肪含量和热量就降低了。

猪皮与瘦肉结合，以瘦肉为主，肉馅中瘦肉占 2/3，猪皮占 1/3，这样的馅就很好吃。

为了提高肉馅的膳食纤维，我们还可以添加一些富含膳食纤维的木耳、白菜、芹菜等，这样有肉有菜，吃着才营养。

2. 素馅

素馅的总热量通常会比肉馅低，家常的素馅饺子有白菜豆腐馅、黄瓜鸡蛋馅、韭菜鸡蛋馅等。为了丰富纯素馅饺子的营养，尤其是提高蛋白质的含量，建议用少量瘦肉替代部分鸡蛋和豆腐。

3. 调味品

很多老人说"咸中有味"，在和馅的时候有人就喜欢多放盐。现在我们有健康意识了，不能吃太多盐，和馅也不能咸了。但如果馅淡了怎么办？简单，蘸醋呀。饺子配醋，差不多是我国的一种传统了吧。饺子蘸醋，一方面可以调味，不会让人觉得饺子"淡而无味"；另一方面还能降低刚出锅饺子的温度，不至于烫嘴。其实，提高饺子馅的咸味，不一定非要用盐。盐的化学成分是氯化钠，含有氯化钠的只有盐吗？别忘了，虾皮中也含有氯化钠，还富含钙。虾皮不仅是非常好的调味品，还可以增加饺子馅的营养。

在调味品中，蚝油富含维生素 B_{12}，饺子馅中放蚝油能提鲜，但量不能多，适量就好，否则盐也会跟着高了。

三、包饺子

有人在捏饺子皮时，习惯将饺子馅中的汤挤出去，觉得这样是排油。其实，排的不是油，是维生素。为了避免饺子馅有太多的汤，可以将素菜逐渐加到肉馅中，不要一次性倒入。如果可以的话，即使有汤也不要挤出去，这样会增加饺子的鲜嫩口感。

四、烹饪方式

饺子可以煮，可以蒸，也可以煎，不用多说，煎饺的热量肯定是最高的。比如，每 100 克猪肉韭菜煎饺可以释放 290 千卡的热量，相比煮的猪肉韭菜馅饺子多了 40 千卡，差不多相当于多吃了一个饺子。

为了便利，现在很多人习惯直接从超市买速冻饺子，建议大家在挑选时要注意看营养成分表，尽量选热量低的。很多速冻饺子，饺子馅都是一些肉糜，脂肪含量普遍偏高。

肉类，适量正确摄入有益健康

对于吃肉，我赞同这个观点："四条腿的不如两条腿的，两条腿的不如没有腿的"。四条腿的就是牲畜，如猪、牛、羊等。猪肉、牛肉、羊肉等这些畜肉又叫红肉；两条腿的就是禽类，如鸡、鸭、鹅；没有腿的是鱼等水产品。我们将鱼肉、鸡肉等又叫白肉。

不同种类肉的脂肪含量差异很大。我们看一下《中国食物成分表》（第一册，第 2 版）中各种肉类的脂肪含量（表 2-11）。

表 2-11　100 克不同肉类的脂肪含量

种类	食物	脂肪含量 / 克
肉类及其制品	猪肉（肥）	88.6
	腊肠	48.3
	羊肉干	46.7
	香肠	40.7
	牛肉干	40.0
	烤鸭	38.4
	猪肉（肥瘦）	37
	猪肉（后臀尖）	30.8
	牛肉（胸部）	28.8
	盐水鸭	26.1
	鹅肉	19.9
	鸭肉	19.7
	炸鸡	17.3
	酱牛肉	11.9
	羊肉串（烤）	10.3

种类	食物	脂肪含量/克
肉类及其制品	鸡肉	9.4
	猪肉（里脊）	7.9
	牛肉（牛腩）	5.4
	羊肉（瘦）	3.9
	牛肉（小腿）	3.3
	牛肉（瘦）	2.3
	牛肉（后腱子）	1
	牛蹄筋（熟）	0.6
水产品	鳗鱼	10.8
	草鱼	5.2
	带鱼	4.9
	鱿鱼干	4.6
	鲤鱼	4.1
	鲈鱼	3.4
	梭子蟹	3.1
	红娘鱼	2.8
	鲫鱼	2.7
	虾米（海米、虾仁）	2.6
	河蟹	2.6
	河虾	2.4
	比目鱼	2.3
	牡蛎	2.1
	罗非鱼	1.5
	生蚝	1.5
	基围虾	1.4
	鲍鱼	0.8
	海虾	0.6
	扇贝	0.6

不同肉类的热量也是不一样的。比如，100 克肥瘦相间的猪肉，热量约 400 千卡，约等于 300 克鸡胸肉；100 克牛腩的热量约 330 千卡，约等于 250 克鸡胸肉。

同一种动物身上不同部位的肉，它们所含的脂肪含量也是不同的，如里脊含脂肪 27.1%；牛腱子含脂肪 15%；牛腩含脂肪 39.2%。当然，不同品种和喂养方式的牛肉所含的脂肪也有不同。总之，同一种动物不同部位的肉，脂肪和蛋白质含量都会不同，越瘦的肉，脂肪含量越少，蛋白质含量越高，越有助于减肥。

无论是什么肉，其实蛋白质功效差不多，只是鸡、鸭、鹅肉中的脂肪含量相对较低，更有助于减肥。不过，猪、牛、羊肉中富含铁元素，可以预防贫血，提高免疫力，适合体质比较弱或患有贫血的人选择。

因此，大家不能为了低脂肪而完全拒绝这些"红肉"的摄入。两者需要互相搭配食用才有益于健康。

对于超重的朋友来说，肉该怎么吃呢？我觉得，吃肉的总原则是：在降低总热量摄入的同时，应将脂肪摄入量控制在总热量的 20% ~ 30%。比如，每日需要摄入食物的热量为 2000 千卡的成年人，脂肪摄入量应控制在 44 ~ 67 克。

一、生酮饮食不适合你

说到减肥与吃肉，有一种减肥方法叫生酮饮食曾流行过一阵。这种饮食方式是：每天摄入极低的碳水化合物（少吃或不吃富含碳水化合物的食物，如面条、米饭、甜食、谷物、豆类等），通过摄入蔬菜和富含脂肪的肉类、坚果等来让身体血液中出现高浓度酮体的状态。具体来说，生酮饮食是指每天摄入的富含碳水化合物的食物量为 20 ~ 50 克，每天摄入的油脂高于总热量 70% ~ 75% 的饮食方式。

通常情况下，身体里的糖和脂肪都负责为身体供能。生酮饮食的减肥原理是：在糖含量严重不足时，让脂肪担负起供能的重担，把脂肪燃烧掉。怎么实现呢？理论上，肝脏中的酶可以将脂肪酸代谢为酮体，在这个过程中脂肪酸产生的热量供肌肉和大脑使用，最终目的是消耗脂肪，减脂、减重。

从理论上看，生酮饮食是一个比较理性的减肥方式。但大家知道吗，最初的生酮饮食并不是为了减肥而出现的，而是为了治疗顽固性癫痫。研究者希望这样的饮食可以让大脑减少对糖的利用，改变脑的热量代谢方式，从而改变细胞特性、神经递质、神经突触传递等，达到抗惊厥的目的。在这个饮食方式的应用过程中，人们发现减少碳水化合物的摄入，摄入相对很高的脂肪，一方面不容易饥饿，另一方面在短短一周时间就能有显著的减肥效果。从而有人将这样的饮食模式应用在减肥上。

有人尝试生酮饮食后，确实产生了减肥效果，但过了一段时间很多人就会出现体重反弹、腹泻，以及血脂和尿酸升高等不良反应。

从供能上看，碳水化合物（糖）在为身体供能后，只会变成二氧化碳和水，不会产生其他有害的成分，从这一点上看，它可以说是一种清洁能源。但脂肪在供能过程中会产生很多酮体，而酮体是一种酸性物质，如果血液的酮体浓度太高，很可能会发生酸中毒。而且，酮体必须经过肾脏排出，故会出现尿酸升高的表现。患有肾病的人采用生酮饮食会加速肾病的发展，没有肾病的人长期采取生酮饮食也会增加肾脏负担，容易造成肾损害。因此，生酮饮食算不上是清洁能源。

综合来看，通过生酮饮食，即使能减轻体重也是得不偿失，还可能会引起疾病，也没有真正理解生命活动的意义。大家要明白，人是被食物默默塑造的，采用"顾此失彼"的减重方法必然会带来"此起彼伏"的减肥后果。

二、拒绝脂肪非常不明智

不吃"大油"很多年，现在说猪油好，一定很奇怪吧？其实，一种食物或某种营养成分好不好，是相对而言的。对于健康人，饱和脂肪酸是不可少的，但对于高血脂和超重的人来说，饱和脂肪酸不能拒绝，但要控制好摄入量。

在大自然中并没有绝对不好的饱和脂肪酸和绝对好的不饱和脂肪酸。一旦饱和脂肪摄入不足，人的血管也会变脆，易引发脑出血、贫血和神经障碍等疾病。因此，任何一种脂肪对健康是否有益的关键在于其摄入量是否适当，摄入比例是否均衡。适量、均衡则有益，不均衡则无益，甚至有害。

很多人害怕吃猪肉，觉得猪肉除了脂肪含量高，还含有高胆固醇，担心损伤血管，诱发冠心病。其实，在不考虑摄入量的前提下完全拒绝胆固醇的摄入是非常不明智的举动。从营养上来看，同等重量的"健康"食物：虾、蟹、鱼油中含有的胆固醇几乎是"不健康"食物——猪肉、牛肉的 3 倍。而胆固醇作为生命重要的物质，它是细胞膜的组成成分，能保护和营养细胞，还是能合成许多维生素和重要激素的原料。人体需要的胆固醇 80% 可以在体内合成，20% 需要从食物中摄取。

三、给肉找个搭档，加速脂肪排出

减肥餐不需要排除猪肉，但应该选择脂肪含量少的部位的猪肉。猪排骨、猪五花，我觉得能少吃就少吃，而猪里脊的脂肪含量低，可以适量摄入。当然，烹饪时要记得控制用油。

有人可能会说："炒菜或炖菜的时候，用纯瘦肉的话，菜不香。"这怎么办呢？简单，让一些食物当"搬运工"，让脂肪"搬家"，大家能过嘴瘾还不增肥。做这类肉菜时，给大家推荐一个"肉搭档"——竹笋。有研究证实，竹笋可以减少人体对油脂的吸收，使油脂加速代谢排出体外。

苏东坡有诗云"宁可食无肉，不可居无竹。无肉使人瘦，无竹使人俗。不俗又不瘦，竹笋焖猪肉。"在中国，竹笋几乎是家喻户晓的植物，也是很多人餐桌上的美味，深受人们的喜爱。它富含膳食纤维，热量很低，每 100 克含 23 千卡热量，又集三大营养物质——脂肪、碳水化合物、蛋白质于一身，是难得的"肉菜"，还有"素食第一品"的美誉，非常适合在减肥期间用来"搬运"脂肪。

竹笋其实有很多种类，长得不一样，口味也不一样。按照季节分，可以有春笋、冬笋。按照植物学分，它们的名字有：箭竹笋、雷竹笋、毛竹笋、早竹笋、尖头青笋等。在此我们仅对比一下比较常见的春笋和冬笋的区别（表2-12）。

表2-12　100克春笋与冬笋的营养区别

食物	热量/千卡	碳水化合物/克	脂肪/克	蛋白质/克	膳食纤维/克
春笋	25	5.1	0.1	2.4	2.8
冬笋	42	6.5	0.1	4.1	0.8

吃笋固然好，但对于结石患者，还是尽量不要吃春笋了。因为春笋里含有比较多的草酸，草酸与钙结合容易形成草酸盐结石，会加重病情。没有结石的人，为了避免形成结石，一定要将春笋在沸水中焯3～5分钟。另外为了保护竹笋自身的营养价值，最好凉拌吃。

四、吃低脂肉，热量的高低在于烹饪方法

1. 鸡肉

鸡汤深受大家喜爱，觉得喝鸡汤有营养，其实大部分的营养仍在鸡肉中，鸡汤含的是大量的油脂、盐、嘌呤，建议一人喝一小碗撇开油脂的鸡汤即可。

除了熟悉的鸡汤，还有一道美食——辣子鸡丁，这道菜的鸡肉在第一次过油时会吸入大量油脂，但复炸后又有部分油脂析出，所以辣子鸡丁的油脂可能并没有鸡汤高。

鸡肉中的油脂大都隐藏在鸡皮中，一整只鸡的鸡皮加热后，会熻出大量的油脂。所以，要少吃鸡皮，或在炖鸡时加入几片白菜叶，帮助吸走多余的脂肪。

红烧鸡块也含有大量油脂，但加入鸡腿菇后，能让其更健康。鸡腿菇属于菌类，它含有菌固醇（植物甾醇的一种），能让胆固醇异化，减少胆固醇的吸收。

2. 鱼肉

蛋白质可分为完全蛋白和不完全蛋白，完全蛋白的氨基酸比例更好，适合人体吸收，属于优质蛋白；而不完全蛋白则恰好相反，难以被人体吸收。人们常说的吃猪蹄能补充胶原蛋白，其实多是心理安慰，因为这些蛋白质属于非优质蛋白，难以被人体吸收利用。而富含优质蛋白的食材当属鱼类，人体对其消化吸收率高，非常适合食用。但如果烹饪方式不当，就会使蛋白质大打折扣。

鱼类很怕高温油炸，因为高温会破坏蛋白质，使很多营养流失。不仅如此，蛋白质超过200℃就会产生致癌物 —— 多环芳烃，长期大量摄入高温油炸食物，都会使患癌风险增加。如果实在想炸鱼，可以在鱼表面包裹一些糊状物，吃的时候建议去除外层包裹只吃鱼肉。

很多人在烹饪鱼之前会用盐先把生鱼肉腌制一会儿，但盐会与蛋白质发生盐析反应，产生絮状物沉淀，使蛋白质变性，就破坏了蛋白质。所以做鱼的时候，尽量不要用盐腌制。

在此特别说一下，社会上流传着因为某些原因"不能吃发物"的观念。所谓"发物"，是我国民间传统的说法，通常认为虾、蟹、鱼等海产品及鸡肉、鸭肉、鹅肉和牛肉、羊肉等是"发物"范围，可"导致疾病复发或加重"，因此不能进食。实际上，根本不存在所谓"发物"的概念，上述食物恰恰是优质蛋白质的重要来源。如果抵抗力本来就不高的人盲目限制这类食物，将可能导致膳食不平衡，营养不充分，血浆蛋白降低，免疫力会更下降，导致营养不良、肌肉萎缩和感染发生风险增高。

食用油，没有绝对的好与坏

　　自从大家有了保健意识，对脂类就开始深恶痛绝了，吃 ω-3 多不饱和脂肪酸更有益健康等知识也深深地融入日常饮食中。大家普遍地有意避免摄入饱和脂肪酸，而选择富含不饱和脂肪酸的食物。其实，大自然的脂类对身体的影响多是建立在过多食用和少运动的基础上，而真正对身体有害的是反式脂肪酸。

　　食用油的主要成分是一种叫"脂肪酸"的物质，而不同油的差别，也是由它的主要成分脂肪酸的类别决定的。一般把脂肪酸按饱和程度分为这么几类，如图 2-2 所示。

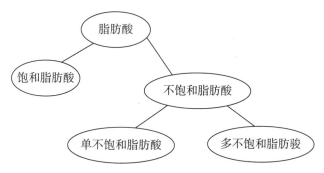

图 2-2　脂肪酸的分类

　　所有储存在体内的脂肪都以一种叫甘油三酯的化学物质存在，甘油三酯由三种脂肪酸（饱和脂肪酸、单不饱和脂肪酸或多不饱和脂肪酸）和甘油组成，这些脂肪酸就像甘油链上悬垂的钥匙，而甘油是一种短分子，每种脂肪酸都和它捆绑在一起。

　　很多人吃饭绝对不吃动物油，认为动物油就是饱和脂肪酸的代名词。又因为它们在常温下呈固态，认为吃了这样的油，它们进入血管也会是一坨油堵住血管。与之相反的是，对液态的植物油情有独钟，从不质疑它们的"好油"地位。事实上，无论是动物油还是植物油，它们都含有饱和脂肪酸和不饱和脂肪酸，只是含量比例多少的差异，如图2-3至图2-6所示。

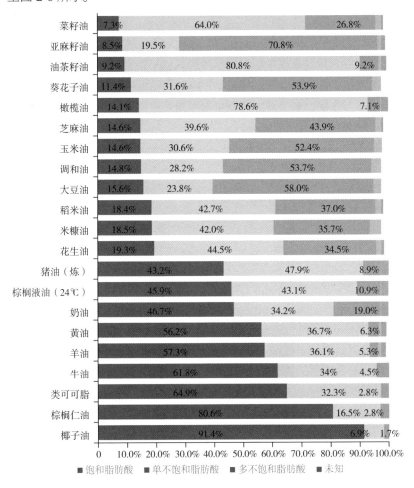

图2-3　各类食用油脂肪酸构成比

数据来源：中国营养学会编著的《中国居民膳食指南（2022）》

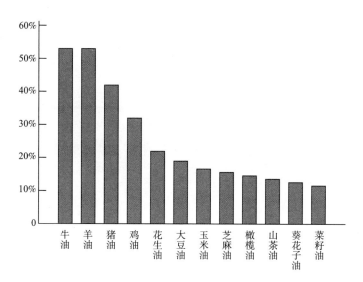

图2-4　各类食用油饱和脂肪酸含量排序

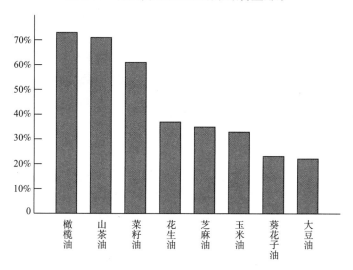

图2-5　各类食用油单不饱和脂肪酸含量排序

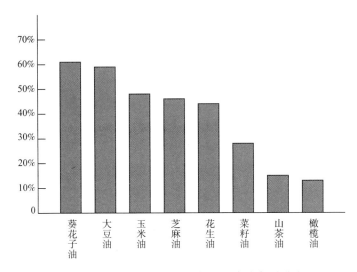

图 2-6　各类食用油多不饱和脂肪酸含量排序

一、为饱和脂肪酸正名

对于饱和脂肪酸的"不健康"作用，牛津的营养学杂志里有两项研究"最常被引用"，而且得出了截然相反的结论，值得我们反思。

一项研究表明：用多不饱和脂肪酸代替饱和脂肪酸（而不是单不饱和脂肪酸或碳水化合物）可以在很大程度上预防冠心病。

另一项研究表明：没有明显证据表明摄入饱和脂肪酸与冠心病或心血管疾病风险增加有关。需要更多数据来阐明心血管疾病风险是否可能受到用于替代饱和脂肪酸的特定营养素的影响。

这两项研究是 2010 年的，近一点的研究结论有：

——饱和脂肪酸的膳食摄入量与冠状动脉疾病患者的冠状动脉事件或死亡风险无关；

——单不饱和脂肪酸和多不饱和脂肪酸的摄入与心血管疾病和死亡风险较低有关，而饱和脂肪酸和反式脂肪酸摄入与心血管疾病风险较高有关。

在临床上，越来越多的饮食与心血管疾病的相关证据表明，高糖和高盐比饱和脂肪酸更容易导致心血管疾病的发生。

上面的观点，总结一句话就是：别一生病就说饱和脂肪酸的不是。饱和脂肪酸对人体产生好的作用还是不好的作用，关键还是摄入量的问题。适当摄入动物油并非不可。

为饱和脂肪酸正名后，再说说脂肪酸中的小分队——ω-3 和 ω-6 脂肪酸，它们都是必需脂肪酸。含有 ω-3 脂肪酸的食物，包括海鲜、坚果、种子等；含有 ω-6 脂肪酸的食物，包括肉类、坚果类和食用油类。尤其是北方人日常吃"四条腿"和"两条腿"的肉类比较多，而鱼类的摄入相对较少，所以，我们常常呼吁大家注意多摄入一些含有 ω-3 脂肪酸的食物，目的之一是让大家平衡营养。

对于食用油，每天摄入饱和脂肪酸∶单不饱和脂肪酸∶多不饱和脂肪酸 = 1∶1∶1 为最佳比例，这也就是广告中"1∶1∶1 调和油"的来由。如果这些油是红豆、绿豆和黄豆，我们可以将它们按照 1∶1∶1 的比例打包，很容易就实现了，但摄入的油保证是 1∶1∶1 就比较复杂了。1∶1∶1 调和油是一种理想，并不能真正实现。其实，大家大可不必非要追求如此精准的比例，厨房里几种食用油调换着吃，不失为一种好办法。

二、食用油怎么吃：看熔点

食用油怎么用，涉及一个专业名词——熔点。**选择烹饪用油，尤其是选择炒、烧烤、煎炸用油时，一定要选择耐热的油**，在这一点上，富含饱和脂肪酸的动物油、椰子油、黄油是首选，因为它们可以抵御受热所引起的损伤——氧化。而经过萃取的油——加工的植物油富含多不饱和脂肪酸，经受热后容易氧化变性，所以不宜用于烹饪，包括富含抗炎性的 ω-3 脂肪酸的亚麻籽油。ω-3 脂肪酸虽然有益于人体健康，但它是多不饱和脂肪酸，受热后容易畸变，所以亚麻籽油不能用于煎炸，适合凉拌。

很多植物油我们仅知道它们富含不饱和脂肪酸，殊不知很多物质都是具有双面性的，不饱和脂肪酸理论上可以促进高密度脂蛋白的产生，但它们多比较"娇气"，不耐高温，不适合烹炒或油炸，一旦在高温下使用，很可能会产生一些不利于健康的物质，如反式脂肪酸。因此，我们在了解它们所含成分的作用时，也要了解每一种油的熔点，这样才能保证摄入的安全性，避免不良作用，因"油"制宜才健康。

三、注意食用油宣传中的噱头

有些商家宣传他们出产的油含有"有机营养价值"。我们先了解一下什么是有机食物。有机食物也就是零污染，不含农药、除草剂等的食物。所以"有机"与"营养价值"是八竿子打不着的关系，"有机营养价值"有概念性错误，不值得信赖。

还有商家宣传他们出产的油"0胆固醇"，事实上是怎么样的呢？胆固醇主要存在于动物性食物中，植物中的含量很少，比如，葵花子、花生、大豆、亚麻籽、芝麻等都不含胆固醇，所以，这些植物油中的胆固醇当然就是零了。"胆固醇含量0"的广告宣传迎合了人们对健康"焦虑"的心态，并不能算是一种创新和进步。

食用油，没有绝对好的与不好的，正如"没有垃圾的食物，只有垃圾的饮食模式。"

选择既扛饿又低糖的食物

为了瘦，有人的减肥餐非常简单：早晨 1 杯无糖咖啡，中午 1 口米饭，晚上半个苹果。这样的吃法，谁能不饿！这样减肥，很难长期坚持！

减肥不等于忍受饥饿，因为我们可以吃"饱"了再减肥。下面我就介绍一些能为大家带来饱腹感的食物。

一、选择饱腹指数高的食物

吃同样热量的不同食物，有些食物容易让人有饱腹感，而有些食物要吃很多才产生饱腹感。比如，同样是 250 千卡的食物，蔬菜需要 2 千克左右，而炸鸡腿 1 个就够了。

饱腹感的产生会受到食物热量密度、体积大小、膳食纤维多少及自身咀嚼速度快慢等影响。如果在同等热量的前提下，食物的热量密度高、体积大、食物纤维多、咀嚼慢，那么就容易产生饱腹感。减肥餐中，在保证"减肥热量"的前提下，选择那些容易产生饱腹感的食物，在减肥的日子里会让人不那么难过。

饱腹感有两种作用，一种是进食后的饱腹感，这种感觉可以帮助我们停止继续进食；另一种是两次正餐之间不会感到饥饿，这种感觉可以延长两餐之间的时间。

评价一种食物的饱腹感有一个指数，叫饱腹指数。饱腹指数是对同样含有 240 千卡热量食物所带来的饱腹感的比较（表 2-13）。简单说，就是吃同样热量的食物，看哪个食物更扛饿。越扛饿，饱腹指数越高。

表 2-13　食物的饱腹指数

烘焙食品		零食		富含碳水化合物的食物		水果		富含蛋白质的食物	
名称	饱腹指数	名称	饱腹指数	名称	饱腹指数	名称	饱腹指数	名称	饱腹指数
羊角面包	47%	花生	84%	白面包	100%	香蕉	118%	扁豆	133%
蛋糕	65%	酸奶	88%	炸薯条	116%	葡萄	162%	奶酪	146%
甜甜圈	68%	薯片	91%	意大利面	119%	苹果	197%	鸡蛋	150%
曲奇	120%	冰淇淋	96%	糙米	132%	橙子	202%	烤黄豆	168%
薄饼干	127%	爆米花（无糖无黄油）	154%	精米	138%			牛肉	176%
		燕麦糊	209%	全麸质食品	151%			鳕鱼	225%
				谷物面包	154%				
				全麦面包	157%				
				水煮土豆	323%				

注：该表是以白面包为基准食物而得出的不同食物的饱腹指数，数值越大表示饱腹感越强。白面包饱腹指数定义为100%。

食物饱腹指数可以作为减肥期间选择食物的一个指标，在相同热量的食物中，吃饱腹指数高的食物，你就不会苦苦挨饿了，减肥计划也能够更顺利地进行下去。

从表 2-13 可以看出饱腹感指数高的食物都具有富含水分、膳食纤维、蛋白质，以及脂肪含量低的特征。那些热量高，含有脂肪和反式脂肪酸比较多的食物反而饱腹感并不强。大家埋怨好多东西不能吃，减肥有多痛苦的时候，不如换个思路，想吃面包，将羊角包换成谷物面包，既过了嘴瘾，还能扛饿，两全其美。

在所有的分类中，水煮土豆的饱腹感是最强的，这是因为它含有很多淀粉吗？不是。土豆（生）每 100 克含有 77 千卡的热量，与其他主食相比，土豆水分含量高，平均可达 70% 以上，而脂肪、碳水化合物与蛋白质三大宏量营养素含量较低（表 2-14）。

表 2-14　土豆与三大谷物主要成分含量的比较

主食	热量 / 千卡	碳水化合物 / 克	脂肪 / 克	蛋白质 / 克	膳食纤维 / 克	水分 / 克
土豆	77	17.2	0.2	2.0	0.7	79.8
小麦	317	75.2	1.3	11.9	10.8	1.0
大米	346	74.2	1.2	12.7	0.6	13.3
玉米	106	22.8	0.9	4	2.9	13.4

注：按 100 克可食部分计算，由于碳水化合物与膳食纤维具有包含关系，统计测算会有交叉。

表 2-14 所列举的土豆是生土豆，而饱腹指数中所列的土豆是水煮土豆。相比生土豆，每 100 克水煮土豆所释放的热量更低，约 65 千卡，而蛋白质增加到 3.2 克。

如果有人觉得土豆既然饱腹感那么强，那就变着花样吃土豆吧，炖土豆、炒土豆、脱水土豆丁或炸土豆片……然而，除了水煮土豆，其他方式烹饪方式的土豆并不适合减肥，炒、炖的方式都会让土豆的热量增高。我们看一下土豆经过不同烹饪方式的热量和营养含量的区别（表2-15）。

表 2-15　100 克土豆不同烹饪方式的营养区别

食物	热量 / 千卡	碳水化合物 / 克	脂肪 / 克	蛋白质 / 克
水煮土豆	66.9	14.5	0.02	3.4
清炒土豆	95	17.0	2.1	2.7
红烧土豆	140	15.0	7.9	2.0

二、选择升糖指数低的食物

水煮土豆热量低，饱腹指数高，就是最佳的减肥食品吗？

不！

减肥食谱中，我们在考虑热量、营养成分、饱腹指数的时候，我们还要考虑升糖指数。在土豆的各种烹饪方法中，虽然水煮土豆的热量低，但它的升糖指数却是最高的，不利于减肥和心血管健康。我列一个升糖指数从低到高的排行榜（表 2-16），大家可以看一下。

表 2-16　土豆不同食用方法的升糖指数

排序	土豆做法	升糖指数
1	将土豆煮熟后，放在冰箱里冷藏 18 小时后吃	56
2	炸薯条，放凉吃	63
3	将土豆放在烤箱里烤熟，趁热吃	72
4	将土豆放在微波炉里烤熟，趁热吃	76
5	将土豆做成土豆泥（即将土豆煮熟后捣成泥），趁热吃	87
6	将土豆煮熟，趁热吃	89

注：大于 70 为高升糖指数；55 ~ 70 为中升糖指数；小于 55 的为低升糖指数。

从表 2-16 中我们可以看出来，高饱腹指数的水煮土豆，在各种食用方法中升糖指数也是最高的。

有志愿者在 3 天早晨分别依次食用了同等重量土豆做成的土豆泥、土豆丝饼和蒸土豆，在饭后 40 分钟测得血糖高峰分别为 8.9 mmol/L、8.4 mmol/L、7.5 mmol/L。可见，不同的土豆做法的确会影响血糖。

用单一指标来衡量食物是不科学的，食物中含有多种成分，要看其综合效果。比如，曲奇、薯片、锅巴、油条之类的食物，油脂含量高，消化比较慢，血糖上升也慢，因此，它们比米饭和馒头的升糖指数值低，但其营养价值也低，热量和脂肪却过高，并不是理想的健康食品，更不适合减肥时食用。

在减肥饮食中提到升糖指数，是因为升糖指数与脂肪有很大的关系。升糖指数越高的食物（表 2-17）越容易刺激胰岛素的分泌，胰岛素分泌量增多会促进脂肪的堆积，反而不利于减肥。很多糖尿病患者在同一个部位连续多次注射胰岛素后，出现硬结，就是因为胰岛素刺激了局部脂肪细胞的肥大。也就是说，升糖指数越高的食物越不利于减脂。

表 2-17 高升糖指数的食物

食物	升糖指数	食物	升糖指数
白小麦面包	70	米饭	88
小米粥	71	馒头	88.1
油条	74.9	牛肉面	88.6
烙饼	79.6	法棍	95
糯米饭	87		

虽然水煮土豆（热量不高、饱腹指数高）能带来减肥作用，但水煮土豆高升糖指数的"增肥作用"我们也不能忽视，吃之前要有一个权衡。

用单一指标来衡量食物是不科学的，食物中含有多种成分，要看其综合效果。其他的高饱腹指数的食物也是同样的道理，是否适宜减肥，我们还要看热量和升糖指数。通常，**符合热量低、高饱腹指数、低升糖指数的食物才是我们相对理想的减肥食物**，如糙米、竹笋、胡萝卜、苹果等。

提防促炎性食物

谈到饮食和减肥，我们不能仅局限于营养成分和热量，还要注意到食物的促炎性和抗炎性作用。

食物"促炎性"和"抗炎性"是指这些食物是否能促进炎症发生或抵抗炎症发生。炎症是一种信号，这个信号会告诉人体细胞做出一些反应。很多人觉得炎症的表现就是红、肿、热、痛，比如，手上有一个伤口发炎了，最初表现为红肿，后来出现有渗出液，最后出现化脓等。但"促炎性"食物促发的炎症是一种慢性无菌性炎症，它不会出现你能迅速感知的症状，而是一种潜移默化的侵害：影响细胞代谢和血管内皮损伤，继而发生肥胖、糖尿病、高血压等慢性疾病。如果食物具备这样的致炎症反应的坏作用，则被称为促炎性食物。一些食物不会引起这样的无菌性炎症反应，而且还有抵抗炎症发生和发展的作用，我们称之为抗炎性食物。

下面说一下抗炎性食物和促炎性食物的特点。

抗炎性食物　富含单不饱和脂肪酸和 ω-3 脂肪酸，血糖指数低，富含纤维，无致敏性。具有抗炎性作用的食物有：坚果（花生、开心果、核桃等）、新鲜的蔬菜（菜花、洋葱、大蒜等）、水果（蓝莓）、鱼（三文鱼、沙丁鱼等）、红薯、茶、咖啡等。

1995 年，曾有人做了一个实验，就是用导管给小鼠体内的恶性肿瘤注入脂肪酸，观察不同脂肪酸对肿瘤的影响。实验发现，注入 ω-3 脂肪酸会减慢甚至逆转小鼠的病情发展，而注入 ω-6 脂肪酸则让癌细胞的生长速度提高了 3 倍。

促炎性食物　富含饱和脂肪酸和反式脂肪酸，血糖指数高，容易致敏。具有促炎性作用的食物有:人工黄油、油炸薯片、精加工肉食、精制米(或面)、高糖饼干、碳酸饮料等。

无论是肥胖的朋友,还是不需要减肥的朋友,都应避免摄入这些促炎性的食物,不能让细胞受到它们其中一些成分的不良影响。保证我们组织、器官的功能正常,才能保证脂肪的顺利代谢和预期的减肥成果。

吃顿不增肥的火锅

　　无论在我国的南方还是北方，火锅总是受到人们的喜爱。下面我们按照火锅菜单上的选项，给大家讲讲怎么吃火锅不胖还健康。

一、火锅底料怎么选？

　　变态辣的红油火锅、鲜香的菌汤锅、酸酸甜甜的番茄锅、浓香的骨汤锅……

　　建议大家选热量低、油少的。通常油多的锅底热量肯定就高。怎么判断油多呢？简单的方法是看沸腾的速度。哪个底料容易沸腾，哪个底料尽量就不选。因为若要减肥，油的摄入还是要尽量控制的。如果放了底料的火锅表面含油越多，它的散热越难，就像大棚蔬菜，上面有一层不透气的塑料薄膜，里面的温度就比外面高，容易沸腾。因此，含油越多的火锅底料越容易沸腾，热量也就越高，越不利于减肥。

　　从口味上选，我建议减肥的朋友选菌汤、清汤等含油量少的锅底。如果非想尝一下热辣辣的红油底料，那只能少吃一些。

二、蘸料怎么选？

　　调料的热量也不能忽视。在北方吃火锅，大家喜欢来一碗蘸料。蘸料有麻酱、糖、腐乳、韭菜花、海鲜酱油、海鲜酱、香辣酱、芝麻、蒜泥等。根据自己的口味喜好，有些人喜欢在麻酱里放糖、腐乳、韭菜花、芝麻等，每次都盛满满一小碗。等吃完火锅，这碗蘸料也差不多吃干净了。

　　对于各种蘸料，咱们一起看看它们的热量（表 2-18）。

表 2-18　100 克常见蘸料的热量

蘸料	热量 / 千卡	蘸料	热量 / 千卡
生抽	20	沙茶酱	340
葱	27	千岛酱	483
香菜	33	海鲜酱	492
辣椒酱	36	芝麻	536
番茄酱	85	花生碎	577
蚝油	114	花生酱	600
蒜	128	芝麻酱	630
甜面酱	139	沙拉酱	698
腐乳	153	麻油	898
豆瓣酱	181	麻辣油	900

一碗麻酱、花生碎、芝麻碎调出的蘸料，差不多就能达到一天所需热量的 50%。再吃点火锅里的菜、肉，轻飘飘一顿饭就超了一天所需要的热量。

为了避免热量的增高，如果选了口味重的锅底，建议就不要蘸料了，从火锅里捞出来直接吃味道也不错。

如果选了清汤锅底，需要搭配蘸料，建议少选热量高的，蘸着吃的时候也要注意少蘸点。

三、涮火锅食材

下面所列的食材热量（表 2-19）是未进火锅前检测的生食热量值，随着它们放入不同的火锅底料中，进入体内所释放的热量也有所增加或减少。

表 2-19 100 克涮火锅食材的热量

名称	热量/千卡	名称	热量/千卡
娃娃菜	12	土豆片	76
冬瓜	12	牛蛙	81
海带	13	冻豆腐	81
豆花	15	鲜虾	84
莴笋	15	蟹籽龙虾丸	96
生菜	16	黑鱼片	100
白萝卜	16	八爪鱼	100
魔芋丝	21	虾滑	107
笋片	23	鸭血	108
茼蒿菜	24	甜玉米	112
香菇	26	嫩牛肉	114
木耳	27	羊肉卷	118
菠菜	28	捞面	124
金针菇	32	乌冬面	126
杏鲍菇	35	包心鱼丸	134
蟹味菇	36	毛肚	136
藕片	47	蟹仔包	136
蟹味棒	51	鸭胗	139
墨鱼仔	57	包心鱼卷	141
山药	57	奶酪芝士包	142
虾丸	58	牛蹄筋	151
巴沙鱼片	59	鹌鹑蛋	160
红薯片	61	蛋饺	162
牛百叶	70	蟹排	163
牛肚	72	厚百叶	166

续表

名称	热量/千卡	名称	热量/千卡
鱼豆腐	167	雪花肥牛	253
开花肠	171	鱼籽福袋	304
甜不辣	185	油豆腐皮	307
牛舌	196	红薯粉条	323
紫薯糯米丸	202	小酥肉	337
撒尿牛丸	206	粉丝	338
虾饺	206	豆腐皮	447
香菇贡丸	210	腐竹	461
牛筋丸	218	方便面	473
燕饺	227	油面筋	492
猪肉丸	228	腊肠	692
午餐肉	229		

吃火锅不长胖的原则就是：选低热量火锅底料，尽量不吃或少吃额外的蘸料。涮锅的食材品种多一些，多选蔬菜，少吃肉；每种食物不要过量，可以点半份；如果饭店有自助的餐前"零食"，在吃火锅前尽量先吃点胡萝卜、小黄瓜或小番茄；等真正吃火锅时，吃到七八分饱即可，这样可以有效控制总热量的摄入。

第三章

零食，吃好比好吃更重要

🍼 零食分级吃

所谓零食，是指一日三餐之外的食物，如干果、饼干、话梅、巧克力等。很多人给零食扣上垃圾、不健康的帽子，我认为这是不理性的。有些零食对人们的健康是有益的，如坚果、酸奶、水果等。

为了区分零食对身体健康的影响，我们将零食分为：好零食、一般零食、糟糕的零食。我们选择零食的原则就是：首选"好零食"，控制"一般零食"，拒绝"糟糕的零食"，这样就可以在零食的美味和营养间寻得一个平衡点。

一、好零食

好零食包括水果、坚果等，可以每天适量吃。

水果 含有丰富的维生素、矿物质和膳食纤维，两餐间吃一个水果，不但可以补充营养、增加饱腹感，还能满足人们对甜食的渴望。

坚果 很多人喜欢吃坚果，如核桃、杏仁、花生、瓜子等，它们含有丰富的优质脂肪酸、B族维生素、维生素E及矿物质。减肥的人在饥饿时慢慢咀嚼几颗大杏仁，可以增加饱腹感，有利于控制饮食。不同坚果所含有的营养和热量也不同（表3-1），但总的来说，坚果是一种能量较高的食物，所以对于正在减肥的人来说，坚果一定不要过量，每天吃一小把坚果当零食来加餐，解馋又饱腹哦。

表 3-1　100 克坚果的营养成分

食物	热量/千卡	碳水化合物/克	蛋白质/克	脂肪/克	膳食纤维/克	维生素B₁/毫克	维生素B₂/毫克
葵花子	591	15.1	28.5	49.0	8.2	0.94	0.12
松子仁	718	12.2	13.4	70.6	10	0.19	0.25
核桃	646	19.1	14.9	58.8	9.5	0.15	0.14
腰果	615	20.4	24	50.9	10.4	0.24	0.13

当然，即使是对身体有益的好零食，也不是怎么吃都行，还是需要讲究一些吃法的。比如，吃当季水果，自然成熟的水果最有营养；需要注意的是，减肥人群在控制每天摄入的总热量时，应把水果的热量也计算在内，如果减了饭量但吃多了水果，同样会发胖；榨果汁时不要使用渣汁分离的榨汁机，过滤掉水果中的膳食纤维，你喝下去的就是一杯高含糖量的果汁，更加不利于减肥。

二、一般零食

一般零食包括：鱼干、肉干、水果干、海苔、黑巧克力、酸奶、乳酪、全麦饼干等，这些零食要有选择地吃。

肉干、鱼干　鲜肉和鱼肉经过煮、烘烤等一道道工序制成的肉干制品可以比较便捷地提供身体需要的蛋白质。但这类食物在制作的过程中，为了延长保质期，增加风味往往会添加大量的盐和添加剂，这一类食物不推荐大家常购买，建议大家可以在家自制低盐低油的肉干、鱼干当零食加餐。

水果干　水果干是由新鲜水果经过干燥处理（把食物中原有的水分去掉）制成的，没有了水分但水果中的糖却留了下来，糖分浓缩后，其中的热量就会放大。就好比 100 克干的大枣和葡萄干的热量分别是 317 千卡和 344 千卡，而 100 克鲜枣的热量大约是 125 千卡，100 克鲜巨峰葡萄的热量只有 51 千卡。这样对比就能看出来，吃水果干的热量比新鲜水果高很多，所以，减肥的朋友建议吃新鲜水果，而不是经过干燥处理的水果干。

蔬果脆片　每 100 克混合蔬果脆片的热量是 395 千卡，大约相当于两碗米饭的热量（一碗米饭约 200 千卡），而 100 克新鲜苹果的热量只有 52 千卡。如果禁不住蔬果脆片酥脆的口感，一不小心就会摄入过多热量（表 3-2），不利于减肥期间的热量控制。混合蔬果脆片脱水烘干的过程中，会带走大量维生素 C、B 族维生素等水溶性维生素，导致蔬果营养价值流失，单纯靠混合果蔬脆片补充蔬菜营养，实在不靠谱。

表 3-2　100 克新鲜水果及其零食制品的营养区别

成分	鲜香蕉	冻干香蕉	香蕉脆片
热量 / 千卡	97.3	395.5	550.8
蛋白质 / 克	1.4	6.1	4.4
脂肪 / 克	0.2	1.0	30
碳水化合物 / 克	22	84.8	59.9
钠 / 克	0.8	35	171

香蕉数据来源：杨月欣著《中国食物成分表标准版》（第 6 版，北京大学医学出版社，2018 年出版）。

零食数据来源：各大零食品牌，营养成分表。

黑巧克力　又称"减肥巧克力"，因为相比其他巧克力来说，黑巧克力含有超过 70% 的可可，而且含糖量和脂肪都是很低的，还有一种叫苯乙胺的物质，这种物质可以降低人的食欲，加速人体的新陈代谢，因此，被认为是一种减肥食物。实则，不存在减肥食物之说，任何食物摄入体内都会产生热量，任何食物摄入量过多，都会造成肥胖。抛开黑巧克力的"减肥"成分，我们不能忽略它的热量，每 100 克黑巧克力含有 516 千卡的热量，这也就意味着，你吃得少，所谓的黑巧克力"减肥"成分达不到减肥效果，但吃多了热量又高，依然达不到减肥效果。所以，黑巧克力虽然含有"减肥"成分，但也不能多吃。

全麦食品 全麦粉的膳食纤维含量较高，还富含 B 族维生素，可以帮助降低血压和血脂，调节神经，但这些都是理论上的。全麦食品，可以是全麦面包，可以是全麦饼干，但它们的制作过程会添加黄油、奶、糖等，所以吃全麦食品不能仅看它其中一种成分的作用，还要看烹饪方法、其他成分和总体的热量。同时，在购买全麦食品时，一定要仔细看配料表，配料表中的第一位一定要是全麦面粉。

对于一般零食，需要大家加以分辨和选择，不能经常吃，控制好热量。一定要注意，零食的热量也要计算在一天的总热量中才不会造成热量摄入超标。

三、糟糕的零食

糟糕的零食包括：糖果、膨化食品、蜜饯、奶油蛋糕、曲奇、起酥、卤肉、腌肉、火腿肠等，这些最好不要吃。**糟糕的零食以精细加工为特征，在加工过程中往往会添加不利于人体健康的添加剂，**如过多的盐、糖、香精、色素、含铝的膨化剂、含反式脂肪酸的起酥油及含有亚硝酸盐的防腐剂等，这些都是"臭名昭著"的健康大敌。这些公认无益健康的"坏"零食，最好不吃。

如果想吃零食，需要遵守三个原则。

第一，不要妨碍正餐，它只能作为正餐必要的营养补充。这是因为用零食代替正餐，会造成营养不良；过多摄入零食，会让肠胃"过劳"，造成消化功能紊乱；儿童总吃零食会影响三餐的摄入，造成偏食、厌食，甚至营养不良。我建议零食与吃正餐之间至少相隔 2 小时，且量不宜过多，以不影响正餐食欲和食量为原则。

第二，要选择新鲜、天然、易消化的食品，如奶类、蔬果类、坚果类。无论大人还是孩子，无论体重正常还是偏胖、偏瘦，选择零食时都不能只凭个人的口味与喜好，健康才是"王道"。在此提醒一些家长，在给儿童选择零食时，不要选膨化食品和一些经过烘干处理的蔬果干。

第三，少吃油炸、过甜、过咸的食物。很多儿童还有一些"大儿童"喜爱吃快餐、巧克力、方便面，而且口感偏重，其中油炸、甜腻、咸味重的零食对孩子们有着相当大的吸引力。但油炸和过甜食品热量高，并且大多含有较多的反式脂肪酸，会增加肥胖的概率，咸味过重的零食也会增加成年后患高血压的风险。

读懂配料表和营养成分表

食品的商品名很多都很类似，比如，鱼丸，用鱼肉纯手工制作的叫鱼丸，不含鱼肉只含有大量鱼味添加剂和其他成分的鱼丸也叫鱼丸。虽然都叫鱼丸，但此鱼丸非彼鱼丸，有时候单从口感上大家也难以辨别。只有配料表和营养成分表，才能真正反映食品的本质。对于减肥的朋友们来说，购买食品之前尤其要看营养成分表，它能清晰地告诉你吃了多少热量，可以帮你有效控制热量的摄入，维护健康。

一、营养成分表

营养成分表标示的是食品中热量和营养成分的名称、含量及其占营养素参考值百分比（NRV%）。对于食品包装上的营养成分表，中国采取的是"1+4"模式，"1"是热量；"4"是四大核心营养素（蛋白质、脂肪、碳水化合物、钠），除了部分豁免食品（如包装的饮用水、现制现售的食品、乙醇含量≥0.5%的饮料、酒类等）外，所有食品的营养成分表上，都必须标示这5个成分。

NRV%是《预包装食品营养标签通则》中的强制标示的内容，表示100克或100毫升或一份食物所含的某种营养成分提供了人体一天需求量的百分比。

营养素参考值（NRV）是食品营养标签上比较食品营养素含量多少的参考标准，主要是为消费者选择食品时提供营养参照，根据我国居民膳食营养素推荐摄入量和适宜摄入量而制定。它也是相对于一个健康成年人一天所需摄入热量和营养素的量，如表3-3所示。

表 3-3 营养素参考值（NRV）日推荐摄入量标准

营养成分	能量	蛋白质	脂肪	饱和脂肪酸	胆固醇	总碳水化合物	膳食纤维
参考值	2000 千卡	60 克	≤ 60 克	≤ 20 克	≤ 300 毫克	300 克	25 克

NRV%=X（食品中某营养素的含量）÷NRV（同一种营养素适宜摄入量）×100%

比如，某品牌的 100 克饼干含有碳水化合物是 70.6 克，按照营养素参考值中碳水化合物一天的正常摄入量是 300 克，那么，这个饼干的碳水化合物的 NRV% 为：

70.6÷300×100% ≈ 23.5%

需要说明一点的是，成分表中的热量都是以千焦为单位，而我们做热量计算的时候是以千卡为单位，它们之间的关系是 1 千卡 =4 千焦。

因此，大家看到食品包装上的热量一栏中标示着动辄几千的数字，可别吓一跳。

举个例子来帮助大家更透彻的理解 "NRV" 这个名词。

如果食品标签上碳水化合物的 NRV% 是 20%，那么，你吃 100 克（或 100 毫升或 1 份）该食品就相当于摄入了一天所需碳水化合物的 20%。如果一种食品碳水化合物的 NRV% 是 120%，就说明你吃 100 克（或 100 毫升或 1 份）该食物，所摄入的碳水化合物比一天所需碳水化合物的量还要多出 20%。

根据食品标签上的数据，我们可以决定吃多少量，从而达到控制热量不超标的目的。现在是不是觉得 NRV% 这个数据很有用？营养素参考值的数值是按照一个普通人每日所需的各类营养元素含量来定的，减脂期间还要在此基础上适当降低自己的各种食品的摄入量。

如果你仔细观察营养成分表还会发现，NRV% 这一栏中的数据相加不是 100%，有的比 100% 多，有的 100% 少，这是为什么呢？

按照《预包装食品标签通则》中四大营养物质的标示修约间隔为

1%，也就是保留整数，如上文提到的 NRV% 为 23.5% 的饼干，那么碳水化合物在成分表中的 NRV% 那一栏就要标示为 24%。修约间隔，这是为了统一格式和方便消费者阅读而设定的。比如，按照规定，蛋白质、脂肪、碳水化合物、膳食纤维的修约间隔是 0.1，那么计算 NRV% 时，采取四舍五入法保留小数点后一位，前面的 23.5% 依然是 23.5%，不用四舍五入。因此，根据不同的修约间隔要求，各项指标很可能都是约等数，那么它们相加也就不一定是 100%。

一个普通人每日所需要的各类营养元素的热量需求是 2000 千卡，蛋白质、脂肪、总碳水化合物分别为 60 克、≤ 60 克、300 克。在减脂期间，我们需要的热量和其他营养物质相对来说要少一些，比如，一些人总的摄入量是 1400 千卡。那么，在看 NRV% 的时候就不一样了。

比如，一袋 100 克的食品，热量是 403 千卡，包装袋的成分表中 NRV% 那一栏标示的是 20%（以普通人每日摄入 2000 千卡热量计算，403÷2000 ≈ 20%）。但我们减肥期间，全天所需的热量是 1400 千卡，那么，对于这个人来说，这个食品的 NRV% 应该是 29%（403÷1400 ≈ 29%）

这么一对比，大家就应该明白，一袋食品对健康人（每天需要 2000 千卡）来说 "20%" 就是 20%，而对于减肥的朋友（每天需要 1400 千卡或者更低的热量）来说，这个 "20%" 不是 20%，要把这个数值放大看，少吃一点，同时要降低其他食物的摄入量。

二、配料表

除了成分表，食品包装上还会有产品配料说明。在各种配料中，《预包装食品标签通则》中要求按照制造或加工食品时加入量的递减顺序一一排列，加入量不超过 2% 的配料可以不按递减顺序排列。如酸辣海带结的配料是：盐渍海带（海带、食用盐）、水、剁椒……排在最前面的是海带和食用盐，也就是说，这个食品的主要成分除了海带就是盐。再如一种饮料上的配方是：水、白砂糖、食品添加剂、食用香精、食用盐……这个产品的主要成分是水和白砂糖，对于减肥的朋友来说，你就要三思了，喝这样的饮料是为了解渴还是为了增肥？

　　减肥的朋友，如果想吃某种食物，最好先看看食品包装袋上给予你的各种信息，读懂它们也就读懂了食品"语言"，也能预知它们会给你带来的"未来"。

"0"含量，可能是陷阱

当看到食品包装上标着"无糖""0脂肪""低脂""非油炸""0热量"等字样时，你会不会有购买的冲动？你是不是觉得这种食品更高档、更健康？不得不说，这种宣传是成功的，这些宣传对于减肥人群非常有诱惑力。但它们对减肥不一定有利。

在营养成分表中，我们确实能在 NRV% 一栏中看到"0"，但那并不代表着这个食品没有这个成分。这就涉及一个新名词——界限值，所谓界限值是指某营养成分 100 克或 100 毫升中含的量低微，或其摄入量对人体营养健康的影响微弱，基本不具有实际营养价值，因此，允许标示"0"。每 100 克食品可标示的"0"界限值如表 3-4 所示。

表 3-4　热量和常见营养素"0"的界限值

热量和营养成分	单位	"0"的界限值
热量	千焦	≤ 17
蛋白质	克	≤ 0.5
脂肪	克	≤ 0.5
反式脂肪酸	克	≤ 0.3
胆固醇	毫克	≤ 5
碳水化合物	克	≤ 0.5
糖	克	≤ 0.5
膳食纤维	克	≤ 0.5
钠	毫克	≤ 5

就因为有了"0"界限值，也就有了宣传的"零添加"。这个"零添加"可不一定真是没有，很可能是"有"但不够量，只能算作"0"。知道了这个名词，大家对广告上动辄"零热量""零脂肪""零糖"还是要心里有个底，肆意吃喝这些"健康"食品，日积月累的作用也是很可怕的。100毫升的"无糖"饮料（糖含量低于0.5克），喝了500毫升，那糖的含量就很可能接近2.5克（0.5×5=2.5），如果一天喝了1000毫升，那么，糖含量就到了5克（0.5×10=5）。因此，成分表中看似毫无"意义"的含量，在大量的摄入后，数字也不容小觑。

对于类似的广告还有很多，减肥过程中的朋友不能因为它们的"0"就被蒙蔽了双眼，对食物放松了警惕。

一、0 脂肪 ≠ 0 热量

以乳酸菌饮料为例，一些乳酸菌饮品贴着"0脂肪"的标签，仿佛在说"帮你减肥"。但是"0脂肪"，不代表"0糖"，也不代表"0碳水化合物"，这些糖和碳水化合物进入体内依然会转化为脂肪，而且这类食品营养成分表上标注的实际热量往往并不低。这样的乳酸饮料喝一瓶（约435毫升），相当于吃了66克糖，差不多是2碗米饭的热量。

二、0 糖 ≠ 减肥

有一种可乐，宣传完全"0糖分""零卡路里"，并号称不仅不会喝胖，还会喝瘦。这个大家信吗？首先，我们已经知道，在营养成分表中标示的"0"不一定是真的不存在，可能只是含量较低而已。其次，其宣称含有一种难消化性麦芽糊精，俗称水溶性膳食纤维，能够抑制脂肪吸收，但这样的饮料不见得就能减肥。所谓减肥可乐与传统碳酸饮料相比，它减少了糖分和热量的摄入，成分上也不含磷，理论上降低了龋齿和骨质疏松的风险。但实际上，那微量添加的"难消化性麦芽糊精"（水溶性膳食纤维）的减脂效果非常有限。我们吃的哪一顿蔬菜和水果不含有膳食纤维，但是如果没有消耗支出，一味地摄入，怎么可能减肥。

还有，营养成分表中的"无糖"，其实是无白砂糖，但不包括甜味添加剂。甜味添加剂如安赛蜜、阿斯巴甜、蔗糖素、甜菊苷等。"甜"源自何物？吃东西前我们要多思考一下，看看配料表了解事物的本质。

甜味添加剂是一种化学物质，它不属于糖类，在体内不易分解，不参与机体的代谢。它对人体的影响，目前还没有确切的论断和有力的证据。但一些研究认为：人工甜味剂会扰乱人体调控体内热量的能力，从而增加代谢综合征的发病风险。

所以，无糖饮料并不一定会降低体重，达到减肥的效果，相反，它很可能会引起代谢损伤、心脏疾病、体重增加，甚至肥胖和糖尿病等。

三、"0"反式脂肪酸≠健康

有一种即食燕麦片，是减肥者热衷的零食，营养成分表中标示不含反式脂肪酸，而且热量低，富含膳食纤维，被大家推崇为"健康食品"。大家不要被"0反式脂肪酸的光环"误导了，除了反式脂肪酸，还要关注其他的成分。以某品牌的"0反式脂肪酸"即食燕麦片的营养成分表（表3-5）为例，你会发现其中碳水化合物、脂肪、糖、钠的含量并不低。

天然燕麦片也就是生燕麦，不添加什么东西，颗粒相对粗，煮着吃才可以，其丰富的可溶性膳食纤维可以帮助控制血糖和血脂。而即食燕麦，为了丰富口味，会添加一些奶精、麦芽糊精、糖精或者植物脂末，燕麦一旦加了这些添加剂，它的"营养"就大打折扣了。所以这类燕麦片即使不含有"反式脂肪酸"也不能随心所欲地食用。

表3-5 某品牌100克即食燕麦片的营养成分

项目	含量	营养素参考值
热量	452 千卡	22%
碳水化合物	64.7 克	22%

续表

项目	含量	营养素参考值
脂肪	15.8 克	26%
蛋白质	6 克	10%
饱和脂肪酸	4 克	20%
反式脂肪酸	0 克	—
糖	23.7 克	—
膳食纤维	3 克	12%
钠	344 毫克	17%
镁	45 毫克	15%

减肥是一个与自我抗争的过程，对于体重超标的"吃货"们，不要心存侥幸，被商家的宣传误导。远离深加工食品，多吃纯天然的食物，注意科学搭配饮食才是健康的减肥餐。

益生菌饮品，可能会增肥

肠道微生物对我们很重要，近些年，多项研究证实，肠道中的微生物组成能够从肠道到大脑调控人和动物的健康，因而大家的关注点开始转向维持和改善肠道微生物的组成和平衡。

很多食品也开始围绕肠道菌群展开研发，市场上逐渐出现各种含有益生菌的食品。宣传每瓶含有多少亿的乳酸菌，能改善肠道菌群，帮助清除肠道垃圾的饮料比比皆是，很多减肥的朋友也希望通过饮用这些饮料来达到促进代谢和减肥的目的。理论上，增加肠道益生菌有助于脂肪的代谢，对我们的健康非常重要，但饮料中的益生菌要通过口腔、胃、小肠，要接触唾液、胃液、胆汁、胰液等，最终有多少能存活下来并作用于人体呢？

一、益生菌饮品改善肠道菌群和减肥作用的质疑

2018 年发表在 *Cell* 杂志的文章指出"常用做补充剂中的益生菌在人体肠道内定殖具有非常大的个体化差异，而且抗生素治疗后使用益生菌还会阻碍肠道微生物的恢复。"2016 年发表在 *Genome Medicine* 上的一篇文章评估口服益生菌（包括双歧杆菌、乳杆菌和芽孢杆菌等）对整体肠道菌群变化的影响，结果显示"口服益生菌并不能导致肠道中微生物的显著变化。"因此，用益生菌产品来改善肠道微生物并不是一个确切的完美方案。

此外，在我们喝这些益生菌饮品时，还得注意一下同时喝进去的还有什么。了解成分就得看配料表，举一个乳酸菌饮品配料表的例子，它标示的配料顺序为：水、白砂糖、脱脂乳粉、食用葡萄糖、食用香精、

副干酪乳杆菌。配料中水、白砂糖的成分都比较靠前，也就是说，你在喝有助于减肥的乳酸饮品时，除了益生菌，还喝进去了大量的白砂糖。

通过对几个常见品牌的乳酸菌饮品营养成分表的计算，每 100 毫升的乳酸饮品热量约 70 千卡热量；每 100 毫升乳酸饮品含有 15 克左右碳水化合物，差不多 3.5 块方糖的量。喝 380 毫升一瓶的乳酸饮料，就相当于吃了 12 块方糖。而芬达每 100 毫升含有的碳水化合物约 12 克。从碳水化合物的含量上看，喝一瓶乳酸饮料所摄入的碳水化合物就相当于喝了一瓶多的芬达。

益生菌饮品的热量更具有隐蔽性，大家减肥期间，相对于碳酸饮料，会凭感觉认为益生菌饮品更健康，忽略它们的高糖、高热量。

二、益生菌与益生元的作用和区别

在食品中并没有确切数据来证明益生菌对肠道菌群的有益作用，但运用食品中的物质来鼓励肠道中特定微生物的繁殖的研究一直没有止步，目前发现一些食品的成分不能被人体消化，而能够被肠道中的微生物发酵，从而使这些食品成分成为有益微生物的食物来源，这些食品物质被叫作"益生元"。益生元可以促进肠道蠕动，促进益生菌的繁殖，从而产生更多有益健康的短链脂肪酸。

益生菌和益生元，一字之差，理论上对人体都是有益的，但作为食品的一部分，它们又有着不同的作用。

益生菌 一词来源于希腊语，意思是"对生命有益"，它是一类能够促进宿主肠内微生物菌群的微生态平衡，对宿主健康或生理功能产生有益作用的活性微生物，包括：乳杆菌类、双歧杆菌类、革兰阳性球菌，还有一些酵母菌与酶亦可归入益生菌的范畴。理论上，如果我们身体摄入益生菌后，它们可以改善肠道菌群结构，促进肠道中有益菌的增殖，抑制有害菌的生长，提高机体免疫力。这也是很多益生菌饮品的出发点，但对于减肥的朋友来说，除了改善肠道菌群，更要注意热量和碳水化合物的摄入量。

益生元 指不被人体消化吸收，却能够选择性地促进体内有益菌的代谢和增殖，从而改善人体健康的有机物质。，它通过选择性地促进其体内双歧杆菌等有益菌的代谢和增殖，从而对人体的健康产生有益作用。益生元主要包括低聚半乳糖、低聚果糖、异构化乳糖等。它们多应用于谷物食品、乳制品、保健食品、复合制剂等。

2019 年 4 月发表在 *Scientific Reports* 上的一篇文章发现，摄入低聚果糖可以增加人体肠道中的双歧杆菌和乳酸菌的相对丰度。益生菌通过口服的方式会接触到各种消化液和酶，最终有多少存活依然是未知数。但低聚果糖通过人体的胃、小肠等各种消化液和酶等作用后，仍然可以有 85% 的比例以原形进入到大肠，然后在大肠进行发酵利用。比如，短链脂肪酸能够营养肠道的上皮细胞，保护肠黏膜屏障，以降低病原微生物的侵害。研究还发现低聚果糖还能增加某些产丁酸盐细菌，这类细菌的增加可以对机体脂类代谢起到调节作用。这些都进一步说明了益生元在促进人体健康的价值。

随着科学技术的发展，现在有很多在生产过程中使用特殊技术来保护益生菌，使其在经过胃部时不会被胃酸破坏，达到改善肠道菌群的目的。这类益生菌的价格会相对较高，但效果较好，我们要学会根据自身需求去做选择，而不是盲目地选择。

三、有益于减肥的饮品

水是生命之源，减肥过程中我们可以不吃巧克力，可以不吃红烧肉，也可以不喝酒，但不能不喝水。尤其很多超重的人容易大汗淋漓，少喝水比少吃饭更容易让他们难受。

都说白开水是最好的饮品，确实如此。但事实上没有多少人能坚持只喝白开水。下面给大家提供多一些"喝水"的选择，让减肥的生活变得丰富多彩一些，能享受减肥和变美的过程。

1. 红茶和绿茶

作为中国人，在饮品的选择上，可以先从"本土"饮品——茶中选择。首先，茶所含的营养及保健功效是任何一种饮料都望尘莫及的。茶叶中含有丰富的维生素，包括少量的脂溶性维生素 A、维生素 D、维生素 E、维生素 K 及几乎所有的 B 族维生素，这些营养物质可以促进脂肪酸化，有利于体内胆固醇排出体外。其次，茶中含有儿茶素、茶多酚，它们具有很强的抗氧化作用。最重要的是，茶叶中几乎不含热量，作为减肥者的饮料再合适不过了。

目前，茶已经成为世界上最主要的饮料之一，国内外许多科学家都对茶叶进行过研究。

红茶 研究证实，红茶中多酚类物质由于太大而不能在小肠中被吸收，从而可以刺激肠菌群的生长，如丁酸弧菌的数量，引起细菌代谢物质——短链脂肪酸的形成，而短链脂肪酸已被证明可以改变肝脏中的热量代谢。这也就说明，红茶可能通过改变肠道微生物这种特别机制来促进人类健康和实现减肥功效。

绿茶 由于制作工艺的差别，绿茶中的多酚类物质可以进入血液和组织中，从而能改变肝脏中的热量代谢，这也是很多人认为绿茶的功效和健康益处多于红茶的原因。

从各种研究中，我们可以知道喝红茶和绿茶都能起到"益生元"的作用，都能促进肠道中有益菌的繁殖，从而促进人体健康、促进脂肪的代谢。因此，大家在减肥期间想改善饮品的口感时，建议选择喝红茶或者绿茶。

特别需要提醒大家的是，喝茶之后有人会有很强的饥饿感，此时如果控制不住食欲，建议以低热量高容积的蔬菜充饥。如果喝茶后忍不住摄入了很多热量，那饮茶辅助减肥的作用就消失殆尽了。

2. 天然发酵饮品：格瓦斯

除了比较大众的茶，再介绍一种"小众"饮品——格瓦斯。格瓦斯是从俄语和波兰语中音译出来的名字，俄语为"kBac"，波兰语为"kwas chlebowy"，是"以面包发酵"的意思。格瓦斯的口感有点类似啤酒，但没有啤酒那么浓的酒精味道，更多的是一种"发酵"食品的味道。事实上，它就是由酵母菌和乳酸菌双菌发酵而成的传统谷物发酵饮料。这么解释好像给它列了配料表，其实它不是勾兑的，而是在封闭的环境下发酵而成的。它的传统做法是，将俄式大面包（大列巴）切片烘干，再弄成面包渣，加入菌种发酵成微量乙醇，一定量的 CO_2 和丰富的有机酸物质。它的颜色有点偏红类似啤酒，但酒精含量只有 1%，所以被视为软饮料，在俄罗斯、乌克兰和其他东欧国家非常受欢迎，在我国哈尔滨、吉林地区也被视作当地的特色饮品。

在营养成分上，格瓦斯含有丰富的维生素、氨基酸、乳酸菌和钙等。每 100 毫升释放的热量也非常低，约 48 千卡，碳水化合物含量为 2.6 克，蛋白质和脂肪含量都为"0"。从这两方面来看，它都非常适合减肥的朋友饮用。

在前文中我们提到过中国人肥胖与多形拟杆菌相对减少有关。这个多形拟杆菌有个独特的生存能力，就是可以分解酵母细胞壁的复杂碳水化合物，并以发酵食物（如面包、啤酒等）中所含的难分解的复杂碳水化合物为食物。也就是说，发酵食物有利于多形拟杆菌的生存和繁殖，间接地有利于脂肪的分解。

我们说的酵母其实是人类利用比较早的微生物，它是一种真菌。专业上来说，酵母就是酵母菌，它不属于肠道菌群中的"居民"，但它会影响肠道菌群。酵母菌是需氧菌，能耐受胃内的酸性环境，并保持代谢活性。当酵母菌被摄入后，它会呼吸肠道内的氧气。在这里提出酵母菌会消耗消化道内的氧气，是因为很多病原菌是需氧菌，酵母菌与病原菌争夺氧气时，会不利于病原菌的生存。

无论是红茶、绿茶，还是格瓦斯，只要我们仔细去寻找，还是有很多在减肥期间可以喝的饮品，我们需要对它们的成分、加工过程、热量进行了解，不能仅凭口感去选择。

☕ 咖啡，激活棕色脂肪

脂肪参与了我们生命的整个过程，也是体内的"能源库"，可以储备和提供热量，维持体温，当我们遇到寒冷的时候，不会立刻被冻成冰棍；脂肪还是我们的保护层，能够缓冲外界冲力，相当于汽车的安全气囊；脂肪还参与了胰岛素、雄性激素等的调节和分泌，让我们身体更健康。

根据脂肪细胞结构和功能的不同，脂肪主要分为白色脂肪、棕色脂肪和鉴于两者之间的米色脂肪。无论是白色脂肪、棕色脂肪还是米色脂肪，它们都含有脂肪，所以，都叫脂肪细胞，但它们还是有着很明显的不同。

棕色脂肪组织通过激活线粒体解偶联蛋白 1（UPC1）来快速产热和代谢葡萄糖和脂肪。UPC1 可以让脂肪和碳水化合物在氧化分解后，不走向 ATP（三磷酸腺苷）合成环节，而只是单纯地向周围散发热量，因此，UPC1 也被称作产热素。成人体内棕色脂肪比较少，孩子尤其是新生儿体内棕色脂肪比较多。这也就能理解为什么小孩儿更抗冻了，原来他们体内有个"发热器"在不停地工作，不怕冷。

在食品上，有研究显示，咖啡具有激活棕色脂肪的功能。在 2019年 6 月的 *Scientific Reports* 期刊上发表的文章中报道，英国诺丁汉大学的研究人员首次在临床中发现咖啡中的咖啡因可以通过增加 UPC1 活性，从而影响棕色脂肪的功能。

咖啡对于减肥的益处在其他方面也有证实，因此，每天喝一杯纯咖啡不失为一种帮助减肥的好方法。但**每个人对咖啡因的敏感程度不一样，敏感的人群在睡前几个小时不要喝，以免造成失眠**。咖啡因也会有利尿作用，需要注意适当补充水分。当然，单纯靠喝咖啡是不能完成减肥任务的，还是要做好基础的饮食控制。

减肥饼干，被神话的膳食纤维

一、减肥饼干不能减肥

膳食纤维有利于结肠内的细菌存活和繁殖，从而利用肠道菌群达到促进脂肪代谢的作用。2017 年 12 月，发表在 *The American Journal of Clinical Nutrition* 的一篇文章发现：分离出来的可溶性纤维补充剂可以改善超重和肥胖人群的生理和代谢状况。因此，很多人觉得吃富含膳食纤维的"减肥食品"对减肥肯定是有益的。

膳食纤维是"不被人体消化吸收的多糖类碳水化合物与木质素"。一般来说谷类、豆类、蔬菜、水果、蘑菇、海藻等都含有丰富的膳食纤维（表 3-6）。因为膳食纤维食物进入胃中可以吸水膨胀形成高黏度的溶胶或凝胶，产生饱腹感而减少食物的摄入量，并能增加胃肠道的蠕动，减少小肠对脂肪的吸收率。

另外，膳食纤维有利于结肠内的细菌存活和繁殖，从而可通过肠道菌群达到促进脂肪代谢的作用。一些研究指出：分离出来的可溶性纤维补充剂可以改善超重和肥胖人群的生理和代谢状况。

表 3-6 100 克常见食物的膳食纤维含量

食物	膳食纤维 / 克	食物	膳食纤维 / 克	食物	膳食纤维 / 克
魔芋粉	74.4	玉米面	7.9	糯米	2.7
海带（干）	23.8	小麦粉	4.8	茄子	2.7
黄豆	15.5	小米	3.2	甘薯	2.3
蚕豆（鲜）	3.1	韭菜	3.0	大白菜	2.2
大麦粉	14.4	菠菜	3.0	土豆	1.9

曾经有一款减肥饼干，卖点是"膳食纤维""饱腹""代餐"，膳食纤维确实有助于减肥，它有很强的吸水能力，可增加饱腹感，从而减少食物的摄入，有利于控制体重。理论上是对的，但在现实生活中，单纯依靠吃膳食纤维食品进行减肥存在很大隐患。

曾经有一位130斤的年轻女性，每餐只吃1片减肥饼干、几口青菜和水果，2个月暴瘦30斤，体重确实下降很多。但有一天，她突然晕倒失去意识，120急救人员赶到的时候，已经停止了呼吸。经过医护人员的奋力抢救保住了一条生命，但医生说，她虽然有生命体征但很可能成为植物人。

这么严重的后果是减肥饼干引起的吗？不尽然，晕厥需要一些条件。

首先，长期的节食行为，所摄入的营养严重不平衡，会导致严重的低血钾。不仅如此，低热量的摄入还会导致低血糖，出现昏迷、休克。

其次，人体每天需要摄入30克的膳食纤维。但每天吃大量膳食纤维的食物，反而对身体有害。因为膳食纤维可与铁、钙、锌等结合，从而影响人体对这些矿物质的吸收和利用。

最后，我们在吃这些所谓的减肥饼干时，还是要看看成分表（表3-7）。制作饼干离不开油、面粉等，我们多关注一下饼干所含的脂肪、碳水化合物和热量的数字，也许就不会那么迷信饼干的减肥功效了。

表3-7　100克高纤维饼干的营养成分

饼干	热量/千卡	碳水化合物/克	脂肪/克	蛋白质/克	膳食纤维/克
膳食纤维饼干	431	62.6	13.3	10.0	9.6
全麦饼干	462	69.4	15.8	9.9	5.0
高纤维饼干	501	66.3	22.7	8.0	6.0
无糖消化饼干	495	69.0	21.0	7.0	7.0
蔬菜粗纤维饼干	512	59.5	23.8	8.1	0.8

那些所谓的"富含膳食纤维"到底含多少？在表 3-7 里，高纤维饼干中膳食纤维含量最高的也不到 10 克，而 100 克黑木耳（干）的膳食纤维含量是 29.9 克；100 克裙带菜（干）的膳食纤维含量是 31.1 克；100 克银耳（干）膳食纤维含量是 30.4 克。因此，将饼干打造成"高纤维""减肥"的食品，实在是名不副实，其他富含膳食纤维的天然食材要为自身鸣不平了。

膳食纤维，确实有利于控制肥胖，但若一味增加膳食纤维的摄入，不注意营养均衡，反而会降低钙、镁、锌、磷的吸收率，影响血清铁和叶酸的含量，尤其太多的膳食纤维还会引起胀气。

二、慎重选择"减肥"食品

还有一些打着"减肥"功能的"减肥食品"总是一阵风一样从我们的生活中刮过。很多人为了减肥，尝试新减肥产品就像买新衣服一样兴奋。对于这样的朋友，我劝大家要慎重。打着"减肥"功能的食品，不一定是合规的产品。

"减肥"食品是保健品还是普通食品？

如果是普通食品，不能宣传有保健功效，包括减肥功效在内。商家宣称具有减肥效果，就是违法行为。如果它真的有减肥作用，那么它需要申请保健食品的批号，才能宣传有减肥功效。所以，减肥食品这个概念是不存在的。如果商家拿着所谓的具有"血脂调节"功效的实验证据大肆宣传有"减肥"功效，那也是违法的，因为"血脂调节"并不等同于"减肥"。

国家对这样的"减肥"食品打击如此严厉，是因为很多产品配料中有决明子、荷叶等成分就标榜自己是纯天然的保健食品，消费者觉得吃多少都不会对身体产生危害。其实，中药即使是纯天然的也是药，"是药三分毒"，何况它确实让人腹泻呢。

一说到拉肚子，很多人也认为可以减肥。其实不然，体重跟肠内的大便没有多少关系。胖是脂肪多，不是粪便多。腹泻之后降体重，一方面，是身体水分的流失；另一方面，是腹泻导致肠黏膜损坏，影响营养物质的吸收，产生了"被动节食"的效果，这个被动节食建立在肠黏膜损坏的基础之上，不可取。

肠黏膜损坏的后果是什么？肠道菌群失调，脂肪代谢异常，还会让脂肪"无处可去"形成堆积，过不了多久就会体重反弹。而且，更严重的是，由于长期服用具有腹泻作用的食品而使肠蠕动增快，一旦停用，肠蠕动的条件反射会减弱，会出现因肠蠕动减慢而形成的便秘和肠黏膜变黑的结局。

非油炸食品，热量并不低

"非油炸"并不是健康食品的代名词，油炸和非油炸的区别在于制作工艺，**一些食品标注着"非油炸"，并非不含油，只是过油方法不同于油炸食品**，它们采用烘烤的加工方式，在焙烤时仍要将油脂喷在食品上，这么操作，是为了保持食品的酥脆感。

如虾条等膨化食品是用挤压膨化方法生产，确实不需要油炸，但脂肪含量通常都在 15% 以上，少数产品甚至高达 30% 以上，比起油炸制成的同类食品热量并不低。

"非油炸"食品的口味大部分是依靠甜味剂、食盐、谷氨酸钠等食品添加剂调配出来的，如果我们因为"非油炸"三个字而放松警惕，长期大量食用该类食物，会埋下诸多的健康隐患。比如，食物中的膨松剂（硫酸铝钾或硫酸铝铵）会使体内铝超标，造成骨软化症及阿尔茨海默病；钠超标，就会增加心血管疾病的风险。其实，无论是不是油炸食品，膨化类零食多数都含有大量的调味剂。

我们都知道，体重超重的最根本原因是摄入的热量高于消耗的热量，而体内的热量来源主要集中在碳水化合物、蛋白质和脂肪这三个营养素。不管摄入碳水化合物、蛋白质还是脂肪，只要是摄入的热量过多，超出了人体消耗需要量，时间长了就会引起肥胖。

以某品牌非油炸原味薯片为例，它每盒包装有两份，每份 52 克，每份含有热量 1098 千焦（274.5 千卡）；而其他品牌一款 25 克包装的油炸类原味薯片热量为 555 千焦（138.75 千卡）。对比可见，如果质量相同，两款薯片所含的热量是差不多的。也就是说，油炸和非油炸，在零食的热量上来看差距并不大。因此，对体重的影响不在于是否油炸，而在于吃或不吃、吃多少和什么时候吃。

零食并非绝对不能吃，但是大家要多了解一些零食的"雷区"，毕竟它们都有一些共性，如：

——零食保质期越长防腐剂含量可能越高；

——零食颜色越鲜艳、味道越浓重，含有的添加剂越多；

——盐是天然的防腐剂，能够抑制细菌生长，标注"无防腐剂"的零食很可能盐的含量超标。

在零食的选择上，我们建议吃天然食品，或者是无添加剂的食品，比如，低糖、低油、低盐制作的山楂、酸枣、风干牛肉条等。深加工的食品一定要少吃，偶尔吃的话也要控制好量，别让零食拖延了减肥进程。

节日甜点，点到为止

在我国，每个节日几乎都能对应一个特色食物。比如，春节要吃饺子，元宵节要吃元宵，清明节要吃青团，端午节要吃粽子，中秋节要吃月饼等。这些节日美食多数都是高热量食物，如表 3-8 至表 3-10 所示。

表 3-8　不同口味元宵和汤圆的热量

元宵或汤圆品种	每 100 克的热量 / 千卡	单颗热量 / 千卡
红豆汤圆	231	45.7
花生元宵	279	55.8
五仁元宵	291	58.2
黑芝麻元宵	311	62.2
花生汤圆	332	70

注：数据只代表某种品牌汤圆或元宵的热量，不代表所有品牌产品。

表 3-9　不同口味青团的热量

青团品种	每 100 克的热量 / 千卡	单颗（70 克）热量 / 千卡
豆沙青团	320	224
紫薯青团	321	225
鲜花牛奶青团	332	266
抹茶牛奶青团	333	166
黑芝麻艾草青团	341	204
咸蛋黄肉松青团	360	252

注：数据只代表某种品牌青团的热量，不代表所有品牌的产品。

表 3-10　不同口味粽子的热量

粽子品种	每 100 克的热量 / 千卡	单颗（80 克）热量 / 千卡
蜜枣粽子	149	119
赤豆粽子	184	147
蛋黄鲜肉粽子	184	147
八宝粽子	215	172
肉粽子	359	287

注：数据只代表某种品牌粽子的热量，不代表所有品牌的产品。

　　这些节日的特色食品，添加的食材越多，热量相对就越高；所用的食材越少，所含的热量也就越低。肉馅的也通常要比素馅的热量高。

　　这些节日美食热量如此之高，减肥的朋友能吃吗？当然能吃。

　　严格意义上来讲，减肥没有特别绝对的禁品。这些节日美食，除了食物本身的美味，还寄托着美好的寓意和祝福。减肥的朋友是可以吃的，只不过要浅尝辄止。为了减肥效果，不建议大家多吃。大家要了解这些食物的热量，在控制总热量的前提下，计算着吃比较合适。或者，大家在吃完这些"黏"的食物后，喝一杯茶或喝一杯黑咖啡，促进消化，增加热量的消耗。

吃对水果，减肥也能甜蜜蜜

有人觉得减肥是一个生无可恋的事情，这也不能吃，那也不能吃。大家言重了，减肥期间没有绝对禁止的东西，酸、甜、苦、辣，各种味道的食物我们都可以吃，只不过要讲究吃的方法和吃的量。

甜味受人喜爱。而且，吃甜味食物能给人带来愉悦感。

甜的食物有助于提高人脑血清素含量。血清素是神经细胞相互传递信息所需要的一种混合物质。血清素通过神经传导，可以影响人的胃口、情绪，适当的血清素可以让人镇静，减少急躁情绪，让人产生愉悦感和幸福感。

大多数水果都是甜的，在诸多甜蜜蜜的水果中，草莓被誉为水果皇后，不仅口感甜，热量也极低（表 3-11），可辅助减肥。对于想吃甜的又怕长胖的朋友，草莓简直就是完美的化身。

表 3-11 100 克甜水果的营养对比

水果	热量 / 千卡	碳水化合物 / 克	脂肪 / 克	蛋白质 / 克
菠萝蜜	165	36.7	0.3	4.9
榴梿	150	28.3	3.3	2.6
樱桃	46	10.2	0.2	1.1
葡萄	45	10.3	0.3	0.4
西梅	42	10.3	0.1	0.7
桃子	42	10.1	0.1	0.6
李子	38	8.7	0.2	0.7

水果	热量 / 千卡	碳水化合物 / 克	脂肪 / 克	蛋白质 / 克
杧果	35	8.3	0.2	0.6
草莓	32	7.1	0.2	1
杨桃	31	7.4	0.2	0.6

草莓热量比较低，适量食用不用担心发胖。在两餐之间，或者正餐中都可以通过吃草莓来达到饱腹的效果。但大量食用依然会出现"过犹不及"的效果。建议每天食用一平盘，也就是草莓平铺盘底一层的量。这个盘子不能用盛鱼的大盘，就普通炒菜用的盘子就可以。

果蔬中含有的碳水化合物，主要有果糖、蔗糖、葡萄糖、淀粉等，按照甜度来分的话，果糖最甜，其次是蔗糖，然后是葡萄糖，淀粉相对来说基本一点甜味都没有。

草莓的碳水化合物含量约8%，其中50%以上的碳水化合物是特别甜的果糖；胡萝卜的碳水化合物含量约为10%，但50%主要是较甜的蔗糖和不甜的淀粉。

草莓的作用，不仅局限于让你瘦下来，还能让你美起来。

一、草莓让你更美

有助于美容 草莓所富含的维生素C是苹果、梨的7倍多。维生素C是抗氧化的良药，能有效对抗色斑、皱纹，从根源上抑制黑色素的产生，还能与蛋白质结合，促进体内胶原蛋白的形成，让皮肤更饱满和富有弹性。

为牙齿除垢 草莓中含有苹果酸，它是一种收敛剂，有利于除掉牙齿表面的茶垢和咖啡垢。

让口腔清新 口腔中居住着差不多六七百种的细菌，主要有厚壁菌门、拟杆菌门、变形菌门和放线菌门。还有至少85种的真菌，主要是念珠菌。保护口腔微生态则有助于口腔健康。草莓中的花青素能抑制口腔中有害菌繁殖，有利于改善口腔健康。

二、草莓有助于调节身体内环境

草莓在改善你外在的表现时，也可以改善身体的内环境。

有利于肠道健康 草莓含有丰富的膳食纤维，有助于肠道有益菌的繁殖，也有利于脂肪的代谢，并促进排便。

防疲劳 草莓所含的天冬氨酸能促进新陈代谢，有助于减肥；除去乳酸等疲劳物质；参与氮的代谢，还可将有害的氨排出体外；保护中枢神经系统。

草莓适量吃，对健康的好处毋庸置疑。有人说太大、空心的草莓，可能含有膨大剂。对于这样的顾虑，没有必要，膨大剂是一种可以合理使用的植物生长调节剂，不属于禁用品，合理使用也不会危害人体健康。但有的品种和生长环境，尤其是大棚内生长的草莓，受不良环境影响比较少，所以可以"肆意生长"，长得就比较大。如果草莓长得有点奇怪，比如，长成了"三叉戟"，多是受到周围生长环境的影响而形成，如挤压。

草莓固然很好，但仅限于生吃，如果制作成草莓酱热量就变高了。从制作过程来看，500克的草莓，加入200克的冰糖或白砂糖一起加热熬制。从热量上来看，100克的草莓酱能释放270千卡的热量，相当于吃了50克的红烧肉。同样，杏酱、苹果酱等都是如此，每100克差不多都能释放270千卡的热量。如果大家想吃果酱的时候，一定要注意热量的控制。

自制零食，自己控制热量

作为成年人的我们，对健康有了认识，也有一定的自控力，那为什么有人对零食不能戒断呢？

一、零食难戒的常见原因

1. 饥饿

俗话说"饿了吃糠甜如蜜，饱了吃蜜也不甜。"在饥饿状态下，我们很多时候会出现"冲动性"行为。比如，饿着肚子去超市，每一样食物都让你感觉诱人，本来是去买一根萝卜，结果你还买了蛋糕、薯片、饼干等。如果你是吃饱饭去的超市，你的目标是去买一根萝卜，那很可能就是买了一根萝卜回来，对超市里的其他食物，能做到购买控制。基于这样的情况，建议大家不要在饥饿状态下购物，吃饱了再逛，让自己少一些冲动。

2. 思想抵抗

从心理学上分析，人们一旦通知自己要"戒"，往往戒不掉，那是因为人脑的工作系统不是传达和执行这么简单的关系。就像不让你去想"粉红色的大象"，然后闭眼思考 2 分钟，结果你一直在想这个"粉红色的大象"。在心理学上，你要忘掉一件事情，首先要知道这件事情是什么，所以你要回忆与它相关的一些信息，这些回忆会让你从"戒"返回到"思"的状态。从而出现，越戒越想吃的循环。

3. 入口太容易

随着人们生活水平的提高，食物入口变得愈发容易。有了饿的感觉，手边就有零食，往往越吃越多，食欲越来越旺盛，尤其是颗粒比较小的即食零食，吃了一粒又一粒，总热量就多了。建议大家多亲手做饭，通常情况下，饮食冲动会随着烹饪时间的延长而逐渐减弱或消失。很多人都有这种体会，在厨房一顿忙乎后，食欲会降低，就不会特别想吃饭了。

零食戒断的难易暂且不提，我们先来明确一下，零食是否有必要一定要戒掉呢？

这个答案显而易见，我们在前面已经说过，只要掌握好热量，减肥没有绝对禁止的食物，零食也有好坏之分，鼓励大家适量吃健康的零食，以补充三餐之外的营养所需。而且有些零食关键时刻有大帮助。比如，低血糖的时候，吃上两块巧克力或糖果能迅速补充热量，使血糖升高，以免出现低血糖昏迷。低血糖昏迷对身体的危害比肥胖更严重，尤其是糖尿病患者出现低血糖昏迷，对心血管、神经系统的影响更大。

二、自制零食，制作美味、快乐和健康

零食可以"不戒"，减肥的朋友与其痛苦地与吃不吃零食做斗争，不如动起手自己做一些健康的低热量的零食。

自己制作零食，大家可以一边享受食物带来的快乐，一边享受制作过程的小幸福。

【果粒酸奶】

每 100 克果粒酸奶，可以释放热量约 97 千卡，含碳水化合物约 14.7 克，脂肪约 2.9 克，蛋白质约 3.3 克。

材料：细长玻璃杯，1 碗自制酸奶，6 个草莓。

做法：每个草莓都切成 4 块，共分成 3 份。先取其中一份草莓放入杯底，倒入一半酸奶。在酸奶上再放 1 份草莓，再将剩下的酸奶倒入玻璃杯，最后放余下的 1 份草莓。

将配置好的果粒酸奶密封好之后冷冻在冰箱里，如果想吃冷饮可以取出来吃。在吃果粒酸奶的时间选择上，建议晚上吃，因为酸奶有一定的通便作用，有利于第二天上午的清肠，但是时间不要超过 19：00，

太晚进食会导致能量堆积，从而导致体重的上升。

有人问，香蕉可以润肠通便，是否可以将零食中的水果换成香蕉呢？在减肥过程中虽然热量不是唯一，但也不能忽略总热量对脂肪的影响。我们看一下香蕉与米饭在各方面的对比（表3-12）就会发现，香蕉是高热量水果。有些运动员在比赛间隙，会吃几口香蕉，这不是因为她们饿，是因为香蕉进入体内释放的热量，能让身体迅速恢复体力。大家在减肥期间，目的是让热量消耗大于热量摄入，因为香蕉的热量相对较高，如果想吃就要相应减少其他热量的摄入，或者增加运动量抵消摄入的这部分热量。

表3-12　香蕉与米饭的比较

食物	热量/千卡	蛋白质/克	脂肪/克	碳水化合物/克	膳食纤维/克	GI
香蕉	93	1.4	0.2	20.8	1.2	52
米饭	116	2.6	0.3	25.6	0.3	83.2

自制的零食在食品安全上更有保障，但热量的控制就要看个人的对食材、调味品的了解程度和制作技术了，减肥的朋友应该选择热量低的食材，尽量少用调味品或者找到可替代的天然的调味材料。大家在享受自制零食的快乐时，也要注意高热量食材的用量，尤其是要减少糖、油脂的用量。

举个例子，按照网络上流行的某款烘焙饼干的教程，材料准备需要黄油75克，白糖60克，低筋面粉110克，但这么多产热量的材料最终只能做出几块饼干，可见这款饼干的热量有多么高。这样的自制零食，减肥的朋友也要少吃少做，或者要善于用其他材料代替原本高热量的材料。

对于戒掉一个陪伴你很久的习惯，确实不简单。但你若要改变未来，就必须从改善现在开始。在《牧羊少年奇幻之旅》中有这样一句话，希望与大家共勉：如果关注现在，你就能改善它。如果改善了现在，那么，将来也会变得更好。

第四章

减肥攻坚，订制个性化方案

THTL 减重方案原理及应用

随着国民生活水平的提高，我国的超重肥胖人数也在逐年上升，超重肥胖带来的不仅是生活和外貌上的影响，对于身体健康也有相当大的影响。

可以说，肥胖是"万病之源"，超重肥胖的人群患心脑血管疾病及代谢类疾病的概率比体重正常的人群要高得多，所以不管是出于对身材的管理，还是对健康的担忧，减重成了肥胖人群迫切需要做的事情。

近年来，减重的方法层出不穷，效果也不尽相同，但事实上，真正减重成功，而且是健康减重的人是少之又少。所以我们一直在寻找，有没有一种减重方法，是在保证身体健康，同时不给减重者造成心理、身体和生活负担的前提下，达到减重的目的。

通过对减重方法不断的打磨与实践，我们研究出一套不节食、不吃药、不打针的减重方法——THTL(Three High Three Limit) 减重方案。

一、什么是 THTL 减重方案

经过多年的实践我们发现，通过调整饮食结构的方式来减重，无论从减重者的依从度，还是从减重效果，或是从是否反弹来说，THTL 方案效果都是最好的，所以 THTL 减重方案就是以调整饮食结构为基础设计的减重方案。

THTL（Three High Three Limit）是"三高三低"饮食的简称，"三高"指的是：高蛋白、高纤维、高维生素；"三低"指的是：低能量、低脂肪、低精致碳水。

高蛋白　蛋白质是组成人体的重要物质，是我们每天必需要足量摄入的营养物质。有研究发现："高蛋白膳食能减轻饥饿感，增加饱腹感和静息能量消耗。由于摄入的蛋白质不能被人体储存而需立即进行代谢和利用（包括肽合成、新蛋白质合成、尿素生成和糖异生），代谢过程需要消耗大量三磷酸腺苷。多项研究显示，高蛋白质膳食能减轻体重"。

同时，蛋白质的食物热效应是三大产能营养素中最高的，这就意味着在吃高蛋白食物的时候，需要消耗更多的热量来消化食物，能起到减少热量消耗的作用。

在减重的过程中，身体成分的变化比体重的变化更值得被关注，每天足量蛋白质的摄入能够提高身体的肌肉量，肌肉量是基础代谢的一个重要影响因素，肌肉量的增加能够提高机体的基础代谢。由于同等重量的脂肪体积要比肌肉大得多，所以当体重相同时，肌肉含量越高，体型越小。

高膳食纤维　当我们摄入食物后，肝脏会分泌胆汁酸，胆汁酸能够促进脂肪和胆固醇的吸收。摄入膳食纤维后，膳食纤维能够吸附胆汁酸，从而起到减少脂肪和胆固醇吸收的作用。

除此之外，膳食纤维能和食物结合，遇水膨胀，可以增加在胃里的体积和黏稠度，增加饱腹感，从而达到"少吃"的目的，再加上它不能提供能量，能减少能量的摄入。

高维生素　维生素是七大必需营养素之一，在能量代谢的过程中，维生素起到了至关重要的作用，像维生素 B_1 是能量代谢的关键物质；维生素 B_2 参加能量的形成和脂肪的代谢；泛酸是脂肪酸氧化必需的物质；维生素 C 会参与脂肪和能量的代谢。

低能量　能量摄入的多少决定了体重，所以要减重，首先要控制能量。我们每减少 1 千克脂肪，需要消耗 7700 千卡的能量，每天少摄入500 千卡能量，减掉 1 千克脂肪，需要 15.4 天。所以每天要减少热量的摄入，并且增加热量的消耗，才能更快地达到减脂的目的。

低脂肪　脂肪是三大产能营养素中卡价最高的，每摄入 1 克脂肪会产生 9 千卡的能量，所以摄入相同重量的食物时，油脂含量越高，摄入热量越高。除了"量"之外，"质"也是需要重点关注的部分，如果将油脂按质量分为五类的话，最好的一类油是富含 ω-3 系列多不饱和脂肪酸的亚麻籽油和紫苏油；二类油是富含油酸的橄榄油和茶油；三类油是以亚油酸为主的花生油、大豆油等；四类油是以饱和脂肪酸为主的动物性脂肪；五类油是以反式脂肪酸为主的氢化植物油，这五类油中，减重人群要以一类油和二类油为主，少摄入三类油，严格限制摄入四类油，一定不要摄入五类油。

低精制碳水 碳水化合物，也可以成为"糖"，在我们摄入糖后，它会经历几个途径被消耗掉。首先，是被直接利用给身体供能；然后，没有用完的糖会在体内合成为糖原在肝脏和肌肉中储存起来；如果摄入的糖还没有用完的话，就会转化成脂肪堆积在体内。

精致碳水指的是经过精加工的富含碳水的食物，比如大米、面粉、糯米粉等，精致碳水在体内很快就会被分解成葡萄糖，葡萄糖进入血液后，首先会导致血糖上升，刺激胰岛素的分泌，从而促进脂肪的形成；其次，相较于粗杂粮来说，精致碳水中的膳食纤维都被去除掉了，所以饱腹感没有粗杂粮强，容易吃得多，饿得快，导致"饿"性循环，所以在减重期间要控制精致碳水的摄入，以粗杂粮来代替部分精致碳水。

二、THTL 减重方案的特点

THTL 减重方案的特点是：不节食、不吃药、不手术。能够减少减重者在减重过程中的痛苦，提高他们的依从性。

三、THTL 减重方案核心推荐

（1）适量吃鱼禽蛋瘦肉，保证优质蛋白充足摄入；

（2）多吃蔬菜，适量吃水果，保证膳食纤维充足摄入；

（3）保证 ω-3 充足，减少饱和脂肪，远离反式脂肪；

（4）限制精致糖、精致主食，主食保证低 GI；

（5）控制三餐总热量；

（6）每天足量饮水，远离含糖饮料；

（7）科学选择零食，远离高糖、高脂零食；

（8）鼓励 16+8 轻断食模式；

（9）远离酒精，低盐低油；

（10）科学运动。

四、THTL 减重方案适宜人群

THTL 减重方案执行过程温和，以均衡饮食，健康减重为基础设计，对减重者填写的问卷报告进行分析，根据他的身体情况与减重目标，设计专属于他的 VIP 食谱与运动方案，所以，THTL 减重方案适合全部人群减重。

同时，根据减重过程中会经历的不同阶段，以及不同人群需要达到的不同效果，减重方案分为四个阶段：① 快速减脂期；② 平台期；③ 塑型期；④ 男神女神养成期。针对每个阶段设计相应食谱与运动，从而更好、更快地达到减重目的。

五、THTL 减重方案一周食谱（表 4-1 至表 4-7）

表 4-1　THTL 减重方案第一天食谱

餐次	食谱
早餐	煮鸡蛋 1 个 + 燕麦牛奶 250 毫升（加亚麻籽油 5 毫升）+ 小番茄 10 颗
午餐	蒜蓉胡萝卜西兰花 + 彩椒炒鸡丁 + 紫薯 100 克 / 糙米 50 克（主食二选一，不超过 1 个拳头）
加餐	蓝莓 10 颗或猕猴桃一个
晚餐	凉拌芹菜香菜牛肉 + 白灼青菜组合（或代餐）
饮水量	2000 ～ 2500 毫升（少量多次饮用），睡前 1 小时不喝水

续表

餐次	食谱
食用油	摄入不超过 25 毫升，5 毫升亚麻籽油 +10 毫升橄榄油 +10 毫升豆油 / 花生油
盐	不超过 5 克，晚餐不超过 2 克
膳食补充剂	早上 B 族维生素，午餐随餐多种维生素，餐后益生菌 + 益生元，临睡前钙 + 维生素 D

表 4-2　THTL 减重方案第二天食谱

餐次	食谱
早餐	煮鸡蛋 1 个 + 小麦胚芽拌无糖酸奶（加亚麻籽油 5 毫升）+ 黄瓜 1 根
午餐	素炒胡萝卜菌菇 + 圆白菜青椒炒肉丝 + 藜麦饭 50 克或玉米半根（主食二选一，不超过 1 个拳头）
加餐	柚子 100 克或橙子半个
晚餐	番茄豆腐虾仁汤 + 凉拌紫甘蓝
饮水量	2000 ~ 2500 毫升（少量多次饮用），睡前 1 小时不喝水
食用油	摄入不超过 25 毫升，5 毫升亚麻籽油 +10 毫升橄榄油 +10 毫升豆油或花生油
盐	不超过 5 克，晚餐不超过 2 克
膳食补充剂	早上 B 族维生素，午餐随餐多种维生素，餐后益生菌 + 益生元，临睡前钙 + 维生素 D

表 4-3　THTL 减重方案第三天食谱

餐次	食谱
早餐	煎鸡胸配洋葱（橄榄油或亚麻籽油）+ 生菜 + 黑咖啡 250 毫升 + 山药 100 克

续表

餐次	食谱
午餐	蒜蓉油菜香菇 + 清蒸鲈鱼或黄鱼 + 三色藜麦饭 50 克或红薯 100 克（主食二选一，不超过 1 个拳头）
加餐	苹果 100 克或蓝莓 10 颗
晚餐	彩椒炒黄豆芽 + 凉拌双耳
饮水量	2000 ～ 2500 毫升（少量多次饮用），睡前 1 小时不喝水
食用油	摄入不超过 25 毫升，5 毫升亚麻籽油 +10 毫升橄榄油 +10 毫升豆油或花生油
盐	不超过 5 克，晚餐不超过 2 克
膳食补充剂	早上 B 族维生素，午餐随餐多种维生素，餐后益生菌 + 益生元，临睡前钙 + 维生素 D

表 4-4 THTL 减重方案第四天食谱

餐次	食谱
早餐	蒸蛋羹 + 小麦胚芽牛奶（加 5 毫升亚麻籽油）+ 土豆泥沙拉
午餐	荷兰豆炒胡萝卜虾仁 + 蒜蓉青菜 + 糙米饭 50 克
加餐	草莓 4 颗或猕猴桃 1 个
晚餐	金针菇番茄鸡蛋汤 + 醋溜土豆丝
饮水量	2000 ～ 2500 毫升（少量多次饮用），睡前 1 小时不喝水
食用油	摄入不超过 25 毫升，5 毫升亚麻籽油 +10 毫升橄榄油 +10 毫升豆油或花生油
盐	不超过 5 克，晚餐不超过 2 克
膳食补充剂	早上 B 族维生素，午餐随餐多种维生素，餐后益生菌 + 益生元，临睡前钙 + 维生素 D

表 4-5　THTL 减重方案第五天食谱

餐次	食谱
早餐	煮鸡蛋 1 个 + 小麦胚芽拌无糖酸奶（加 5 毫升亚麻籽油）+ 蓝莓 10 颗
午餐	红烧带鱼 + 醋溜木耳白菜 + 紫薯 100 克或藜麦饭 50 克（主食二选一，不超过 1 个拳头）
加餐	南瓜籽 5 克 + 100 克苹果
晚餐	冬瓜海米汤 + 小葱拌豆腐
饮水量	2000 ~ 2500 毫升（少量多次饮用），睡前 1 小时不喝水
食用油	摄入不超过 25 毫升，5 毫升亚麻籽油 +10 毫升橄榄油 +10 毫升豆油或花生油
盐	不超过 5 克，晚餐不超过 2 克
膳食补充剂	早上 B 族维生素，午餐随餐多种维生素，餐后益生菌 + 益生元，临睡前钙 + 维生素 D

表 4-6　THTL 减重方案第六天食谱

餐次	食谱
早餐	燕麦牛奶 250 毫升 + 鸡蛋 1 个 + 蒸芹菜叶胡萝卜丝
午餐	胡萝卜洋葱肥牛 + 白灼生菜 + 杂粮饭 50 克
加餐	8 颗小番茄或蓝莓 10 颗
晚餐	海带豆腐虾仁汤 + 代餐
饮水量	2000 ~ 2500 毫升（少量多次饮用），睡前 1 小时不喝水
食用油	摄入不超过 25 毫升，5 毫升亚麻籽油 +10 毫升橄榄油 +10 毫升豆油或花生油
盐	不超过 5 克，晚餐不超过 2 克
膳食补充剂	早上 B 族维生素，午餐随餐多种维生素，餐后益生菌 + 益生元，临睡前钙 + 维生素 D

表 4-7　THTL 减重方案第七天食谱

餐次	食谱
早餐	小麦胚芽拌无糖酸奶 + 牛奶滑蛋 + 玉米半根 100 克
午餐	清蒸鲈鱼或红烧青鱼 + 白灼芥蓝或青菜 + 醋熘土豆丝或藜麦小米饭 50 克（主食二选一，不超过 1 个拳头）
加餐	苹果 100 克 + 橙子 100 克
晚餐	小油菜鱼丸汤 + 凉拌洋葱木耳
饮水量	2000 ~ 2500 毫升（少量多次饮用），睡前 1 小时不喝水
食用油	摄入不超过 25 毫升，5 毫升亚麻籽油 +10 毫升橄榄油 +10 毫升豆油或花生油
盐	不超过 5 克，晚餐不超过 2 克
膳食补充剂	早上 B 族维生素，午餐随餐多种维生素，餐后益生菌 + 益生元，临睡前钙 + 维生素 D

间歇性断食，可行吗？

很多人问我："王老师，我还有 2 个月要结婚了，在办婚礼之前我要减掉 5 ～ 10 千克，有方法吗？"

这要看情况。如果体重基数大，比如，身高 160 厘米，体重 80 千克，2 个月减掉 10 ～ 15 千克是有可能实现的。如果体重基数小，比如，身高 160 厘米，体重 50 千克，还想减掉 10 千克，那就比较难了。

对于有短期快速减肥需求的人，最好的办法就是间歇性断食。所谓间歇性断食，并不是绝食，它要求一周内，其中 5 天摄入正常减肥所需的热量，其余 2 天每天摄入的热量很少。如减肥需要每天摄入 1200 千卡的热量，那么一周中选择 5 天时间每天摄入 1200 千卡的热量，而其余 2 天每天摄入的热量为：男性 600 千卡；女性 500 千卡，而且这两天的热量仅来源于蔬菜和优质蛋白。这样的间歇性断食又被称为"5+2 轻断食"。这里的"2 天"，是一周中任意非连续的 2 天，大家可以灵活掌握。

《细胞代谢》杂志上发表过一篇评论文章《禁食的分子机制及临床应用》，这篇针对人类和动物的间歇性断食的文章认为，间歇性断食这种减肥方法能增强机体保护力及修复能力，并能帮助人减少肥胖、高血压、哮喘及风湿性关节炎等病症。在《新英格兰医学杂志》上刊发的一篇综述文章中，美国约翰霍普金斯大学医学院神经学家马克·麦特森称：间歇性断食确实有效，可以成为健康生活方式的一部分。

事实表明，下列人群进行了间歇性断食后，出现了健康方面的好转。这些人群包括：

——属于 BMI 肥胖的人；

——超重且运动困难的人；

——减肥进入平台期，但依然超重；

——糖尿病前期暂时无须用药的人；

——轻度高血压无须用药的人；

——肥胖伴有血脂升高或脂肪肝的人；

——肥胖并伴有多囊卵巢综合征的人；

——体重正常，但属于易胖体质的人。

读到这，可能有很多读者会误认为间歇性断食是人人都适用的。在此我要提醒大家，即使有很多人说它有效，也不代表它是"万能"的。

一、不是所有人都适合间歇性断食

虽然，很多研究对间歇性断食的健康作用都做了肯定，一些人从中获得了益处，越来越多的人开始关注间歇性断食，越来越多的人也都希望通过这样的方法迅速减肥并获得健康和长久满意的体重，然而它并不是完美的减肥方法。为了避免大家盲目跟风，建议以下人群不要使用这样的减肥方法：

——孕期和哺乳期的人；

——患有胃病的人；

—— BMI 属于正常范围或偏瘦的人；

——体脂少的人。

孕期和哺乳期的女性　她们身体代谢状况比非孕期和非哺乳期更旺盛，如果刻意地断食，对于孕期的女性而言，不利于胎儿的生长发育和母体的健康，此时断食显然是不理智的。哺乳期的女性同样不需要刻意断食。一方面，断食很可能会让乳汁分泌减少，乳汁的营养不够丰富，不利于婴幼儿的发育和成长；另一方面，吃母乳的婴儿可以说是一个"抽脂机"，乳汁分泌得多，相当于间接帮你代谢脂肪了，并不需要你断食减肥。

患有胃病的人　他们对空腹很敏感，这是因为空腹时胃容积过低会引起强烈收缩，产生胃痛的感觉。间歇性断食即使有食物摄入，但摄入的食物少，排空会比较快，胃收缩依然会更强烈，胃痛也会更明显，不利于恢复健康。

体重正常体脂率过高的人 这类人群需要通过锻炼提高肌肉含量，而不是盲目减肥。因为断食会在减轻体重的同时出现肌肉流失的情况，而这类群体的"减肥"更侧重于塑形及肌肉的增长，因此，不建议这类群体采用间歇性断食的方法减肥或塑形。

二、断食日的食谱

如果按照男性 600 千卡，女性 500 千卡计算，两个断食日的一日三餐可以参考表 4-8 和表 4-9 进行安排，每个表格里都有 3 种一日三餐的推荐食谱，大家可以任选。

表 4-8　男性断食日的一日三餐（约 600 千卡）

	早餐	午餐	晚餐
推荐一	1 个鸡蛋（76 千卡） 1 杯豆浆燕麦片（56 千卡） 1 个香橙（48 千卡）	1 个鸡蛋（76 千卡） 1 个苹果（56 千卡） 2 个核桃（84 千卡）	100 克白灼虾（104 千卡） 2 根迷你黄瓜（28 千卡） 1 小杯酸奶（72 千卡）
推荐二	2 片全麦面包（180 千卡） 1 杯黑咖啡（1 千卡）	1 袋牛奶（135 千卡） 半个番石榴（53 千卡）	200 克凉拌蔬菜（紫甘蓝 + 苦菊）（150 千卡） 1 小杯酸奶（72 千卡）
推荐三	1 碗不加卤豆腐花（45 千卡） 50 克牛舌（80 千卡） 1 根香蕉（86 千卡）	100 克杨桃（31 千卡） 1 碗蒸鸡蛋（123 千卡）	100 克煮芋头（60 千卡） 1 袋牛奶（135 千卡）

表4-9 女性断食日的一日三餐（500千卡）

	早餐	午餐	晚餐
推荐一	1个鸡蛋（76千卡） 5个西梅（40千卡）	1碗蒸鸡蛋（123千卡） 1个苹果（56千卡）	100克煮鸡胗（132千卡） 1小杯酸奶（72千卡）
推荐二	100克松饼（198千卡） 1杯黑咖啡（1千卡）	100克凉拌木耳（63千卡） 4个圣女果（16千卡）	200克白灼芥蓝（80千卡） 1袋牛奶（135千卡）
推荐三	1小碗小米粥（138千卡） 1块西瓜（43千卡）	200克煮干丝（170千卡）	1根迷你黄瓜（14千卡） 1袋牛奶（135千卡）

三、关于断食日食物选择的几点建议

（1）注意优质蛋白和膳食纤维的摄入，因为富含蛋白质和膳食纤维的食物饱腹感强，不容易饿。

（2）不要全天只吃水果，因为水果比蔬菜的含糖量高，不利于脂肪的消耗。

（3）一日三餐中尽量有一餐含有"肉菜"，但不是经过大油烹炒的肉菜，最好选水煮一下就能直接吃的肉类，如水煮虾、贝类、鸡胸肉等，这样可以避免摄入食用油和过高的热量。

（4）蔬菜同样不要选择炒、炖的烹饪方式，水煮或生吃的方式最好。

（5）三餐尽量不吃主食，这个主食指的是米、面等高碳水化合物的食物，尽量选择紫薯、红薯或者燕麦等高纤维、低碳水化合物的食物。如果吃了松饼或者铜锣烧这样的食物，最好喝一杯黑咖啡或者增加运动量，使热量尽快消耗。

（6）没必要刻意喝脱脂牛奶。全脂牛奶和脱脂牛奶的区别，并非只是脂肪多与少那么简单，脱脂牛奶，顾名思义，就是不含脂肪或只含有极少脂肪（表 4-10）。在生产过程中，通过离心的方式将牛奶中大部分或全部脂肪分离出来。在去脂的过程中，一些脂溶性维生素也被甩丢了。而且，饮食中没有适量的脂肪，不利于脂溶性维生素 A 和维生素 E 的吸收。总之，为了营养的均衡考虑，建议大家选择加工少的全脂牛奶。

表 4-10　100 克全脂牛奶和脱脂牛奶的成分对比

牛奶种类	热量 / 千卡	碳水化合物 / 克	脂肪 / 克	蛋白质 / 克	维生素 A/ 微克
全脂牛奶	63	4.6	3.4	3	24
脱脂牛奶	33	4.7	0	3.1	0

四、限时饮食

如果一周断食 2 天坚持不了，那么，可以试试进食时间缩短的方案。进食时间缩短，就是将三餐的时间控制在 6 ～ 8 小时完成，使空腹时间至少达到 16 小时。比如，你 7：30 吃的早餐，11：30 吃的午餐，那么最后一餐最晚要在 15：30 左右完成。这样的饮食方式又被称为 16+8，目的也是让空腹时间延长，达到类似断食的作用。

Salk 研究所的生物学家 Satchidananda Panda 说："每个细胞都有自己的生物钟，每个器官也是，它们都需要在休息时间来修复、重置和恢复节律。当你的所有器官每天都得到休息并能恢复活力时，它们就会工作得更好。就像一个管弦乐队，当所有的乐器都协调一致且配合恰当时，它将产生优美的旋律，而不是嘈杂的噪音。"

大量研究表明，不规律的饮食习惯、轮班工作及在午夜吃零食都是导致肥胖、糖尿病和心脏病的主要原因。而适时延长空腹时间可以延长身体主要内脏器官进入休息和恢复状态的时间。如"进食时间"限制在 11 小时以内，可以减少近 9% 的热量摄入，每月平均可减轻 3% 的体重，腹部脂肪（未来糖尿病和心脏病风险的风向标）可减少 3%，睡眠质量也可以得到改善，而这些变化是在没有增加身体活动的情况下发生的。

但是，我们在"断食""限时"饮食时很可能随着热量的减少，维生素的摄入也会大大降低，这会加重营养失衡的身体状态。建议大家：

——每日尽可能广泛地摄取自然、新鲜的食物，避免深加工食物；

——食材避免烹调和浸泡时间过长，避免油炸、煎炒、烧烤等烹饪方式，因为这些都容易造成水溶性维生素丢失过多；

——根据身体需要补充膳食补充剂。

五、"断食"可能带来的不适

大家在断食、控制饮食热量的同时，还要注意避免一些身体的不适。

1. 口臭

吃得多会因为胃积食出现口臭，但胃内食物长时间减少也会出现口臭。这是因为身体减少碳水化合物的摄入后，身体代谢出现了一些改变。它开始代谢脂肪，脂肪被分解为脂肪酸后进入血液，然后进入肝脏转化为乙酰乙酸，乙酰乙酸进一步分解为二氧化碳和丙酮，这个丙酮易挥发，所以会出现口臭。

2. 眩晕

过度"断食"会让身体失去大量的水分和盐，而盐和水在维持血容量和血压方面起着非常重要的作用。加之，碳水化合物的减少，血糖迅速下降，就会让人在改变体位，如突然站起来时出现眩晕的感觉。建议大家出现这样的现象后，要注意适当增加主食的摄入。

3. 疲乏无力

长时间减少热量，脂肪代谢便会增多，就会带来疲乏无力的感觉，毕竟我们的脑力活动、体内器官功能的运转没有因食物摄入的减少而减少。因此，在减肥过程中一定要注意蛋白质和 B 族维生素的摄入，这样可以维持肌肉量，以免肌肉流失过多。

4. 便秘

有一些人在断食后出现了一两天不排便的情况，这多与摄食少、喝水少、不运动有关，这些都不利于肠蠕动，容易出现延迟排便的情况，建议大家在断食日注意多喝水，多揉腹或多走路，促进肠蠕动。

对于想快速减肥的朋友，间歇性断食可以帮你实现愿望，但个别人也有可能会出现上面提到的不适现象。

缓解便秘，改善生活方式

减肥过程中出现便秘是件让人痛苦的事情，但只要了解了排便过程，大家就知道如何解决便秘问题了。

我们所吃的食物经过胃、小肠之后，剩下了好多食物残渣来到结肠，此时的食物残渣可以称之为粪便。通常情况下，粪便存储在与直肠交界部位的乙状结肠。排便前，直肠是空的。当乙状结肠内的粪便积蓄到一定量，或者因为进食某种食品或药品后引起胃结肠反射，又或者晨起体位变化，粪便就会进入直肠。粪便充满直肠后，会对直肠壁产生压力，并刺激肠壁的排便感受器，然后发出冲动，传入腰骶部的低级排便中枢，通过神经脊髓传导至大脑皮层，最终产生便意。当大脑的便意连续发生时，乙状结肠和直肠收缩，肛门括约肌舒张，同时增加腹压，即可促进粪便排出。而要控制排便时，大脑发出抑制反射，肛门外括约肌收缩，此时可控制粪便排出。

可以说，大肠就是一个"造便"和"运便"的过程。

正常情况下，从小肠过来的食物残渣是糊状，经过大肠的再吸收，粪便就成了不干不稀、不软不硬的香蕉便。如果出现了便秘、便干、便稀等情况，我们就得看看大肠那里出了什么状况。

如果从小肠来的食物残渣因为一些原因，在大肠停留的时间太短，那么就会稀，也就会出现类似腹泻的情况。

如果从小肠来的食物残渣因为一些原因，在大肠停留的时间太长，大肠过度吸收水分，那么粪便就会变干、变硬，增加下一步的粪便移动难度。

这样看来，食物在大肠内停留的时间是影响排便的一个因素。但我们对减肥过程中出现便秘的原因刨根问底，找到食物在大肠中的停留时间还不是最终的结果，我们还需要进一步分析。

那便便为什么会在大肠停留那么久呢？

一、"起运量"不足

粪便要在结肠达到一定量之后才能被输送到直肠，粪便充盈直肠，才能刺激直肠壁，启动排便反射。如果从小肠过来的食物残渣太少，达不到一定的量，那么粪便只能在结肠停留，等待蓄积到一定量之后才能进行下一步动作。

如果减肥期间，过度节食，肠道中的食物残渣太少，那么粪便的原料就少，每天达不到粪便的"起运量"，结果就出现了几天不排便，排便的时候粪便偏干。

这样的情况下，建议大家多吃蔬菜，因为多吃蔬菜热量不高，能刺激胃产生饱腹感的量，也能让足量的膳食纤维到达结肠，快速达到粪便的"起运量"。在此，提醒减肥的朋友，迅速达到"起运量"不仅需要食物残渣自身的"量"，还需要足够的水分让结肠中的食物残渣进一步充盈，以及一定的"油水"让粪便润滑。因此，防治便秘、便干，除了要多吃膳食纤维的蔬菜或水果等食品，还要喝足够的水并摄入一定量的脂肪。建议出现便秘的情况，可以在早晨空腹时喝一杯200毫升的温水。

二、无力运输

粪便从结肠到直肠，依靠肠蠕动的"运输"功能，才能一步步到达目的地。而肠蠕动依靠的就是肠道平滑肌的收缩与舒张。

不爱运动、进行了腰部麻醉、老人和妊娠期的女性等，都会让肠道平滑肌活力减弱，粪便的运送则比较慢，停留在结肠的时间相对比较长，便意来得就慢，粪便也比较干，还容易出现腹胀。

这样的情况下，要想让肠道有活力，我们自己首先要有活力，多运

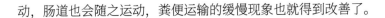

动，肠道也会随之运动，粪便运输的缓慢现象也就得到改善了。

三、信号麻痹

直肠内一定量的粪便会刺激肠壁发出排便信号，有一些人由于工作紧张或环境问题，导致在有便意的时候没有及时排便，过一会儿就没有了便意。等到粪便量进一步升高再次发出"便意"信号才会去排便，或者依然不去。久而久之，排便的阈值就会发生改变，曾经刚刚好的粪便量即发出信号，但后来达到更多量的时候才会有信号。这就是人为因素造成的便干、便秘。

还有一种情况，那就是糟糕的作息时间。一些人隔三岔五晚睡晚起，没有形成良好的定时排便时间。比如，周一到周五每天7: 00起床，起床后去卫生间，而到了节假日或周末，晚上熬夜，10: 00才起床。睡梦中对排便信号不敏感，错过了排便时机，反而一整天都没有了便意，甚至放假几天都没有排便。

如果有这样的情况，建议养成良好的生活习惯，早睡早起，定点去卫生间；让肠道动起来，能站着别坐着，能走别骑车；从饮食上进行改善，每天晚上喝酸奶，或者早晨喝黑咖啡，通过改善肠蠕动，促进"起运量"快速到来；调整心态，别让内分泌失调给排便添堵。

四、吃减肥药引起的"黑肠病"

"黑肠病"医学名称是结肠黑变病，是一些原因导致结肠黏膜固有层内巨噬细胞含有大量脂褐素，导致结肠黏膜颜色变黑。其主要症状就是便秘、腹泻、腹痛、腹胀等。就是因为结肠黏膜的变化，造成了人体"造便"功能失常，出现了要么腹泻，要么便秘的表现。

导致结肠黏膜变黑的原因之一就是吃减肥药，如减肥茶、通便茶、芦荟胶囊等，它们通常含有大黄类物质的泻药，都会有一种叫作蒽醌环的成分，它可以损害肠黏膜上皮细胞，使上皮细胞变性、坏死脱落。坏死脱落的上皮细胞随粪便排出体外，变性的结肠上皮细胞被巨噬细胞吞噬，则形成脂褐素，最终让结肠黏膜颜色变黑。大多数患者会在吃减肥药1年左右开始出现"黑肠病"。

另外，我要提醒减肥的朋友，**吃"泻药"减肥早期能见到明显的减肥效果，但到后期身体会对"泻药"产生依赖，不吃泻药就便秘。**这是因为"泻药"会影响正常的肠蠕动和生理节律，本来工作正常的肠道，受到"泻药"长期影响之后，很可能忘记了"本职工作"，很难逆转。此时，可以通过服用一些缓泻剂、胃肠动力药、调理肠道菌群的制剂等，让肠道慢慢恢复记忆。

因此，改善便秘虽然事不宜迟，但想通过服用"泻药"来改善，建议到医院咨询后，遵医嘱用药，不能自己随便用药。更不能为了减肥随意吃"泻药"，以免得不偿失。

如果便秘的同时还有腹胀，建议大家不要吃甜食、不要喝太多的汤汁和饮料，避免或少吃容易导致胃肠胀气的食物，如玉米、番薯、豌豆、牛奶等。

闭经，激素不是"吃素"的

有一位女大学生身高 163 厘米，体重 62 千克，觉得自己太胖，一心想减肥。根据自己对减肥的理解，开始通过节食减肥。早餐吃几片面包，中餐吃 1 个苹果或三四片全麦饼干，晚上吃 1 根黄瓜或 1 个西红柿。为了加快减肥速度，还喝了减肥茶。这样坚持下来，2 个月时间瘦了 6 千克多，身体明显感觉轻盈了。但在减肥第 2 个月，一向准时报到的月经没来，彼时她没有多想，继续减肥，等到减肥第 3 个月，月经还是没来。这时，这位女同学有点着急，猜测自己"闭经"很可能是减肥引起的。为此，她开始恢复减肥前的饮食结构，而且为了催促月经快点来，吃得比以前还要多，结果她瞬间又胖了。

过了 4 个月之后，月经确实恢复正常了，但她心情不好，非常怀念"瘦"的感觉。所以，忍不住又想减肥。但这次她吸取了上一次的教训，改变饮食结构，将单纯吃素，改成她自创的"高碳水"饮食：早上 1 个鸡蛋、1 碗燕麦片；中午 1 个馒头，或者 1 个红薯，或者 1 根玉米；晚上 1 个苹果或 1 小碗魔芋粉。为了持续减肥，这次没有再喝减肥茶，而是改成运动。这样坚持下来，减肥效果很明显。但在这样减肥的第 2 个月，月经的量有点少。到了第 3 个月，月经又开始没有了。有人提醒她可能是患了多囊卵巢综合征。她到医院检查，结果显示卵巢正常。

大家看了这个减肥经历，是不是也很头疼？就少吃点儿，激素就这么"矫情"？

激素确实矫情："我也不是吃素的，别惹我，后果很严重！"

一、减肥与闭经的关系

月经来潮的基础是雌激素分泌正常，雌激素分泌量多可以让子宫内膜增厚，有利于受精卵的着床；如果没有怀孕，子宫内膜脱落、出血就是月经，也就是说月经出血量多少受子宫内膜厚薄的影响。

脂肪细胞可以产生雌激素合成酶，因此，脂肪多少也会决定雌激素的多少。从这方面看的话，如果在减肥期间不吃肉，或者摄入脂肪过少，就会影响雌激素的量，雌激素太少就会引起月经量少、月经不调、第二性征发育迟缓，甚至不孕等。

还有一种情况也会导致闭经，就是饮食结构的迅速变化让营养供应比例发生了大的变动，内分泌系统没有适应。

二、闭经的饮食防治方法

1. 均衡饮食

我们身体的组织、神经、细胞、激素等，无论是合成还是发挥正常的生理功能，都需要各种营养的支持。如果刻意地去减少某种营养的摄入，往往会造成某一功能的失调。因此，即使我们要减肥，也要在营养均衡的基础上减少热量的摄入。

2. 让身体慢慢适应

无论体重超过正常体重多少，减肥都要慢慢来。比如，你的好朋友一直对你很温柔，突然有一天她对你大发雷霆，你肯定不适应。身体也是一样，多年来你每天的热量摄入都是 2000 千卡，突然有一天你只摄入 800 千卡，身体反应不过来就会出现一些"应激反应"，比如，女性因为食量的急剧减少，下丘脑会减少促性腺素的分泌，引起雌激素减少和闭经；男性会因为过度节食，导致毛囊营养不良，出现脱发。因此，减肥应该在营养均衡的基础上，逐渐减少热量摄入，让身体慢慢适应。

3. 不走极端

就如前文那位女大学生，为了减肥，吃得非常少，发现不来月经又开始"狂吃"，她的处理方法，其实是走了两个极端，都是不合理的。减肥引起的月经异常，通过均衡饮食是可以让其恢复正常的，完全不用通过"暴饮暴食"来挽回，这样只会让身体内环境"忽冷忽热"，更加紊乱。

女性正常的体脂范围是 17% ～ 25%。有一篇引用数 200 多次的文献指出：女性维持月经正常的体脂率至少为 17%，维持女性繁殖能力的体脂率至少为 22%。当然，体脂太高也不好。女孩子如果体脂率太低，也会影响月经的初潮时间和生育能力。建议女性，尤其是年轻未生育的女性，不要通过盲目节食来追求外形的好看，以免危害到自己的内分泌系统。

消除大肚腩，"必先安内"

在医学上，腹部脂肪堆积会增加心血管疾病、阿尔兹海默症的风险，也与 2 型糖尿病密切相关。腹部脂肪堆积，身材臃肿，更不健康。

一、大肚腩的原因

1. 喝啤酒

男士如果肚子太大，通常被称为"啤酒肚"，认为肚子是喝"大"的。事实上，过量喝啤酒确实会让肚子变"大"。

啤酒的营养成分不高，不含维生素，只有少量的蛋白质，相比其他酒类，啤酒的酒精含量也不高。啤酒与白酒不同，啤酒的多少度是指含糖量，是啤酒中麦芽汁的浓度，比如，啤酒瓶上的数字显示的是 10°，是指含糖量为 10° 的麦芽汁酿造而成的啤酒。成品啤酒通常酒精含量在 3.5% ～ 4%，含糖量为 1.5% ～ 2.5%。因此，啤酒有"液体面包"的说法。喝一瓶 600 毫升啤酒的话，等于吃一大块面包。吃过啤酒鸡翅的人应该有体会，经过啤酒熬制的鸡翅会有甜味，这就是啤酒中糖产生的口感。

普通啤酒每升（1000 克）能释放 400 ～ 500 千卡的热量，如果喜欢畅饮啤酒，即使不吃别的东西也很容易热量摄入超标。如果一边吃饭一边喝啤酒，很多人都会配猪头肉、油炸花生米等下酒菜，还有一段时间流行"啤酒 + 炸鸡"，这些饮食方式必定会导致热量超标。

除了啤酒，白酒、葡萄酒的热量更是不容小觑，100 克葡萄酒能释放 120 千卡的热量，100 克白酒能释放 280 ～ 420 千卡的热量。

终日美酒佳肴，不胖才怪。

2. 亚洲人的特殊性

腹型肥胖的人确实很多，这不仅与我们吃得多、运动少、久坐有关系，也与人种有一定的关系。亚洲人和欧美国家的人，同样是肥胖，但肥胖的部位，也就是脂肪堆积的地方不一样。欧美人群是高加索或是斯拉夫民族，他们的脂肪是以"外挂脂肪"为主，表现为大腿和臀部肉特别多，感觉身体上坠着个脂肪球。而亚洲人受种族的影响，脂肪长得就比较"含蓄"，它们往往不会表现为全部脂肪都挂在外面，而是长在里面，大家外表看着还可以，肚子稍微大了一些或者 BMI 在正常范围，实际上内脏的脂肪比较多。目前来看，这样的"内挂脂肪"比"外挂脂肪"对健康的影响会更大。这也是我们看到很多人体型不胖，却已经患高血脂、糖尿病、高血压的原因。

二、腹型肥胖的人多患代谢综合征

从经验上来看，腹型肥胖减重会难一些，**这是因为腹型肥胖是代谢综合征的典型表现，而代谢综合征的核心是胰岛素抵抗**。胰岛素抵抗简单理解就是胰岛素的降糖能力下降。比如，将正常人的血糖 10 mmol/L 降到 6 mmol/L，需要 4 单位胰岛素，而胰岛素抵抗的人，4 单位的胰岛素只能把血糖 10 mmol/L 降到 7.5 mmol/L。这样的结果是什么呢？胰岛素抵抗的人与别人吃一样的东西，别人迅速将食物热量消耗了，而他就会因为比别人的血糖高，进而让多出来的血糖转化为脂肪进行了囤积。这就是为什么有些人能吃能睡还能瘦，而有一些人夸张一点说，"可能路过面包店都能长肉"。

更遗憾的是，腹型肥胖的人不仅有胰岛素抵抗，还有瘦素抵抗。瘦素的存在可以说就是天生与肥胖进行抗衡，让人瘦的。瘦素让人瘦的方法，其中一方面就是控制食欲，但瘦素抵抗的人，体内的瘦素"罢工"了，无法控制食欲，吃得多，代谢又慢，脂肪自然就慢慢多了。

消除大肚腩是一场攻坚战，大家一定要有决心和信心。

三、一边戒酒一边减肥

要想将内脏脂肪减少，首先，要做到不喝酒或少喝酒，排除"啤酒肚"的因素，肚子就好减了。其次，要坚持吃七八分饱，让肚子"饿着"，因为适当的节食有利于改善胰岛素和瘦素的抵抗。正所谓"欲攘外者，必先安内"。

在每天的进食比例上，一定要禁止一次性进食太多。道理很简单，即使你早晨和中午都不吃饭，如果晚上一次性进食太多，多的热量部分依然是剩余"热量"，依然会发生"营养蓄积"，而且身体出于"自我保护"，会比正常情况下吸收更多的营养，前面亏损的又填补上了，反而让你白白饿了两顿，得不偿失。

在饮食的营养搭配上，除了营养均衡，注意增加有益于减肥的膳食纤维的摄入外，还要增加优质蛋白的摄入。因为有研究显示，蛋白质的摄入与腹部肥胖有关，摄入较多优质蛋白的人，腹部脂肪更少。另一项涉及4万多人的队列研究发现，腰围的减少与蛋白质摄入存在明显的相关性。因此，在一日三餐和零食中，应多吃一些优质蛋白，如蛋、奶、鱼、虾、大豆、豆制品、坚果等。但这些蛋、虾、豆制品不能是深加工过的食物，也不能将这些高蛋白的食材经过油炸和腌制烹调后食用，否则就是打着高蛋白的幌子摄入高脂和高盐，这样对减肥和健康同样不利。

贝类，如扇贝、赤贝、海红、蛏子、海蛎子、螺等都是高蛋白、低热量、低碳水化合物的食品，并且它们还含有钙、磷、钾、硒、锌等矿物质，以及牛磺酸、δ7- 胆固醇和 24- 亚甲基胆固醇等营养物质，用它们替换肉类，对于减肥和减内脏脂肪都有着非常好的作用。

四、减腹运动

除了适当的控制饮食之外，更重要的是运动锻炼。曾有研究者参加了一项实验，实验内容是先吃一顿丰富又油腻的早餐，早餐包括培根、鸡蛋、羊肉、布丁，吃完早餐后1小时，抽血化验，用离心机将血液的红细胞和血浆分离，结果是血浆上方浮着一层混浊的脂肪。第二天早餐依然是这些油腻的食物，但餐后进行了快步走1小时，再次抽血检查后发现，这次血浆上的脂肪层薄了很多。

这个试验表明，运动会影响脂肪的代谢，然而很多人却做不到饭后运动1小时。工作日在单位吃完午餐就睡午觉，到了晚上，劳累了一天，吃完晚餐更是不愿意运动。这样的生活，让体内的热量除了供应高速运转的大脑，通过肌肉消耗的热量真是少之又少。

大家可以感受一下，坐、躺、行走时你的腹部是否有拉伸的感觉？在物质富足的今天，不健康的生活方式会让腹部脂肪堆积在"安逸"的环境之中。因此，我们需要全身的有氧运动与有针对性的局部抗阻运动相结合的方式，例如，慢跑、游泳这样中等强度的有氧运动，俯卧撑、蹲起、卷腹等抗阻运动，不仅可以让你有效地减掉大肚子，还能练出腹肌。

除了以上运动，大家还可以跳绳。看看那些拳击运动员，跳绳对他们来说是一项专业活动项目，因为跳绳既可以锻炼全身肌肉，还能增加肺活量，非常适合让身体全方位地消耗脂肪。

跳绳1000下差不多能消耗100千卡的热量，相当于少吃一小碗米饭。

需要大家注意的是，跳绳看似简单，但大体重者有损伤膝关节的风险，因为膝关节要承受整个身体的重量，跳绳时所承受的重量就更多，因此，选择跳绳运动时要注意：

——女性体重在70千克左右，男性体重在80千克左右，建议不要选择跳绳减肥。

——不建议每天跳绳，一周跳3～5次就可以了。

——跳绳的时候要穿一双减震效果较好的鞋子。

——跳绳前要有热身运动，跳完做一下拉伸放松。

多囊卵巢综合征，减肥要有耐心

多囊卵巢综合征（PCOS）的典型表现为多囊卵巢、排卵障碍、不孕、多毛、高雄激素血症等。女性的卵子就是树上的苹果，熟了自然就落下来了，如果卵子半生不熟就一直挂在树上——堆积在卵巢，形成多囊卵巢。这个疾病除了对女性内分泌有影响外，还会引起肥胖、糖耐量异常或胰岛素抵抗等问题。通常，50% ～ 70% 的多囊卵巢综合征女性合并肥胖。

我的医生朋友告诉我，对于肥胖或偏胖且患有多囊卵巢综合征的女性，在治疗上除了吃药，减肥是一项非常重要的辅助治疗方法。《多囊卵巢综合征中国诊疗指南》（2018 年 1 月发布）指出"PCOS 病因不明，无有效的治愈方案，以对症治疗为主，且需长期的健康管理。"在生活方式干预方面，该指南认为，"生活方式干预是 PCOS 患者首选的基础治疗，尤其是对合并超重或肥胖的多囊患者，且生活方式干预应在药物治疗之前和（或）伴随药物治疗时进行。"为了辅助治疗多囊卵巢综合征，该指南围绕减肥做了详细叙述，包括低热量饮食和运动。在低热量饮食方面，该指南给出"长期限制热量摄入，选用低糖、高纤维饮食，以不饱和脂肪酸代替饱和脂肪酸。改变不良的饮食习惯、减少精神应激、戒烟、少酒、少咖啡"等建议。

同样是低热量饮食，对于部分多囊卵巢综合征的女性来说，减肥的效果可能并不会太理想，比较顽固的原因主要是体内存在胰岛素抵抗或糖耐量异常，摄入的糖很难被代谢，而是转化为脂肪进行囤积。

一、豆浆代替不了雌激素

大豆含有植物雌激素——大豆异黄酮，它具有与女性体内雌激素相似的分子结构，可以与雌激素受体结合，产生与雌激素类似的作用，对女性体内的雌激素水平具有双向调节的作用：当人体内雌激素不足时，植物雌激素可以起到补充雌激素的作用；当体内雌激素水平过高时，植物雌激素可以阻止雌激素受体与雌激素的结合，起到抑制的作用，间接降低了体内雌激素的水平。

有些女性得知自己雄激素有点高，就疯狂喝豆浆，以此来提高身体雌激素的水平。但豆浆中的植物雌激素并非人体内的雌激素，即使它能与体内的雌激素受体结合，也只能产生微弱的类似人体雌激素的作用。因此，通过单纯喝豆浆来补充体内雌激素的方法是行不通的。

众所周知，雌激素对乳腺癌的发生有着重要影响。但在 2008 年《英国癌症杂志》的一篇文章表明，**大豆中的大豆异黄酮不但不会增加乳腺癌发病的风险，反而会降低乳腺癌的患病率，尤其在大豆类食品消费量较高的亚洲人群中。**

这样就表明了，想通过食用大豆制品来增加体内雌激素水平并降低雄激素水平的方法是不可行的。

二、减少热量，少吃不一定就对

无论是否存在胰岛素抵抗或糖耐量异常，肥胖的朋友都要减少糖的摄入，包括米饭、面包、面条、玉米等主食，以及炸薯条、饼干、糖果、饮料等。尽量选择高纤维、低糖的食物，尤其要远离精制食品，如精制大米等。

很多人为了减少热量摄入，以前吃 3 碗饭的量，一下就减到 1 碗饭的量，但这个"1 碗"是 1 碗面条，或者绝大部分是主食，菜很少，这样的饮食确实比以前摄入的热量少了，但在营养搭配上来看，碳水化合物的占比依然太高，也许可以短时间看到体重下降，但对于内分泌的调节并无太大意义。

还有人虽然减少了餐桌上的饭量，但一会儿嗑嗑瓜子，一会儿吃块饼干，总热量并没有减少。"嘴不闲着"的饮食方式也不健康，因为你的胃除了睡觉几乎就没休息过，消化系统和内分泌系统经过这样的持久战，也会"过劳"，无法从病因上解决肥胖问题。

对于不吃米饭就吃不下菜的朋友，建议试试拌饭。拌饭这种吃法，将各种蔬菜和主食按照自己计划的比例调配好，一餐的主食和菜量的比例就是可控的。

三、减肥要有耐心

患有多囊卵巢综合征的女性多是年轻人，对于好身材和孕育都有急切的渴望，但我得给大家泄泄气，不要将期望值定得太高。一方面，你的急切心理会让你的内分泌更加紊乱，不利于受孕也不利于减肥。另一方面，要做一个"闷声干大事"的人，把目标放下，给自己先建立一个健康的生活方式，不管减掉多少重量，吃得营养、坚持运动，就是收获。等我们将健康生活方式变成习惯时，通常体重自然就会跟着降下来。

我就有这样的一位女性学员，自身有多囊卵巢，对体重永远都是"顺其自然"，从不为自己设定目标，在饮食上只是将主食减少了一半，其他食物依然按照以前的喜好吃。但她每天下班坚持运动，从简单的拉伸到举哑铃，再到跑步，她的精神状态和身材渐渐有了肉眼可见的变化，当然，卵巢的问题也是向着好的方向发展。

多囊卵巢综合征的女性也许会比别人付出更多的努力来减肥，但并不是说一定就很难。我只是从大概率上讲，希望多囊卵巢综合征患者心理有一个准备，设定适合自己的目标。但这并不是绝对的。现实中，一些患者朋友虽然卵巢有多囊，但并没有影响受孕，体重也正常，减肥也不比别人慢。

四、吃二甲双胍怎么样？

在多囊卵巢综合征的治疗药物中，有一种药物叫二甲双胍，它并不是减肥药，因它有利于提高机体对胰岛素的敏感性，目前主要用于治疗 2 型糖尿病。在 60 多年的临床应用过程中，二甲双胍对改善月经不调及不育也有一定的帮助，因此，多囊卵巢综合征的女性也可以服用此药。

值得关注的是，二甲双胍已被证实是糖尿病药里少数可以帮助减轻体重的药物之一，大规模临床数据显示，单独服用二甲双胍能帮助减轻体重的 2% 左右。虽然看着减轻体重的力度不是很大，但它价格便宜，不良反应很少。

此药是否适合所有超重且患有卵巢综合征的人使用，建议大家听从妇科医生的建议。

边吃边降 "三高"

　　这些年，由于我们生活水平的提高，以及生活方式的改变，产生了以肥胖或者体重异常为基础的糖尿病、高血压、高脂血症、痛风、脂肪肝、胆囊炎等在内的一系列慢性疾病，而且发病率有越来越高的趋势。这些病，有些朋友管它们叫富贵病，我觉得这个词不一定准确，但是它从一定层面上又反映出这些疾病的发生和发展与我们吃得好，运动少有关。

　　肥胖或体重异常为基础的 "三高" 到底怎么预防？我在这里做一个概括性的介绍。

　　第一，应该要学会合理饮食。一日三餐的饮食对 "三高" 的影响很大。另外，必须要戒烟限酒。在国内外，吸烟有害健康这个观点是非常统一的。对于酒呢，我国因酒文化的影响，有些人认为 "小酌怡情"，不要再有这种想法了，即使适度饮酒（每天不超 50 克），同样会增加癌症的风险。关于酒，我的建议是能不喝就不喝，必须喝则喝得越少，患癌风险越低，健康隐患越小。

　　第二，加强运动。让运动与饮食成为两个相辅相成的重要措施，也是我们整个生活方式控制的基础，我们管这样的搭配叫 "两条腿走路"。

　　第三，要特别注意一个核心指标就是体重控制。有 "三高" 问题的朋友们要把体重尽可能控制在合理范围之内，体重越接近合理，整体的血糖、血压、血脂和代谢的控制就越容易，这些指标相对来说也就越稳定。大家也不要一味地追求越瘦越好，因为在体重偏低，或者出现营养不良的情况下，这些代谢指标的控制也会变得困难。所以，大家不要走极端，既不要胖也不要过瘦，体重如果能维持在理想的状态，那么代谢指标的维持就相对容易得多。

在慢性疾病的防控里，"三高"是问题的核心，而防控"三高"的基础是我们生活方式的调整，而饮食则是生活方式的重要方面。

要想正确地防控"三高"，就要整体把控。比如，血糖高的朋友也要防止自己血压高、血脂高，我们从整体上控制"三高"才能达到最好的效果。因为有了"一高"，那么患有"二高""三高"的概率就很大。而无论患了几高，都要从整体上进行控制，尤其是在饮食上要统一把控。

1. 盐多必失！

大家知道我们平时吃的盐就是氯化钠，对血压有影响的是钠离子。盐吃多了，人体血压出现异常的风险会变大。

大家应该有这样的一个生活体会，如果某一餐吃得非常咸，吃完饭以后就会非常口干口渴，就要喝很多的水来缓解。而喝了大量的水后，却没有增加去洗手间的次数。那些水跑哪儿去了？它们被我们吃进去的那些盐里的钠离子扩充到血液里去了，也就是扩充了血容量。为什么要扩充？因为当我们吃了大量盐会大量饮水，然后扩充血容量，会使血液对于血管壁的压力增高，必然会增高血压。

当人体摄入大量的盐，体内的钠离子增多，血压会随之升高，这就是高血压的一个发病的基础。所以我们在控制"三高"，特别是控制高血压这方面，首先要做的一点是控制盐的摄入量。中国营养学会推荐一个成年人每天盐的总摄入量是5克。大约是装满一啤酒瓶瓶盖儿的量。也就是说，不管你一天吃几样菜，你所吃的菜烹饪用盐总量是一个啤酒瓶盖儿。目前全国平均食盐量为10.5克，东北、华北更高。

在我们的饮食中，我们还会摄入一些看不见的盐。一个咸鸭蛋的含盐量3.3克，6毫升酱油含盐量1克，有些朋友爱吃蒜蓉酱、辣酱、咸菜、腐乳、咸鸭蛋等，这些调味品或食品里都含有相当高比例的钠离子，所以除了控制放进去的食用盐之外，还要控制那些看不见的盐。

我有一位学员，他对于烹饪用盐量控制得很严格，但是血压一直控制不好。后来调查发现，他平时习惯于吃咸菜和加工的肉类，比如，腊肉、腊肠、火腿等，这些食物在加工过程中添加了大量的盐分，所以他的血压控制不好。

2. 少吃油，吃好油！

有很多朋友问我到底哪种油好，其实没有一种油是十全十美的，我希望大家能交替用油。烹调首选植物油，然后各种植物油交替使用，任何一种油都不要单独使用超过 1 个月。

对于如何吃油？建议大家：少吃油、吃好油。

少吃油 1 克脂肪的热量为 9 千卡，在三大产能营养素中热量最高，对于一个人一天用油的总量，国家有一个明确的规定，如果你的血脂正常，一天的烹调用油量不要超过 30 毫升，严格一点就不要超过 25 毫升。怎么去判断用油量呢？通常家里都有瓷勺，一瓷勺是 10 毫升，所以一个健康人一天的烹调用油的总量不要超过 3 汤勺或者 2 汤勺。如果已经患有高脂血症、肥胖、糖尿病，最好一天用油量控制在 2 汤勺。

吃好油 首先，建议大家吃亚麻籽油、紫苏油，其所含的 ω-3 不饱和脂肪酸是我们人体必需的脂肪酸，可以促进大脑和神经系统的发育；平衡血脂，升高高密度脂蛋白胆固醇，降低低密度脂蛋白胆固醇；有抗炎的作用，还可以预防阿尔茨海默症。但亚麻籽油怕高温，平时可以用来凉拌菜，也可以拌酸奶。其次，推荐大家吃的是橄榄油，其所含的单不饱和脂肪酸，可以帮助心脏健康，还可以升高高密度脂蛋白胆固醇，降低低密度脂蛋白胆固醇。冷榨橄榄油中维生素 E 和多酚类化合物的含量比较高，这两种物质具有抗氧化作用。

3. 控制食物总量

每餐不要吃得过多，吃到七八分饱即可，努力使自己的体重控制在正常范围，或者在正常范围偏轻一点。这在预防"三高"方面有非常独到的效果。

4. 粗细搭配

我们现在吃得越来越精细，这种情况下就造成很多主食的升糖指数比较高，对于血糖控制是不利的。增加粗粮的摄入，建议把粗粮的摄入总量占到一天所有主食量的1/3或者一半。尤其是有高血糖的朋友，建议每餐都有一定量的粗粮，做到粗粮和细粮各一半，或者让粗粮在每餐里都占主体。比如，原来吃一碗米饭，现在把这碗米饭改成用1/3的大米和2/3的小米做的二米饭，吃二米饭对血糖的控制比单吃大米饭要好得多。除了主食，每餐都要有蔬菜。一天摄入的蔬菜总量要达到500克，生重更高，这对于控制血糖很重要。

5. 少吃多餐

每天不要只吃一餐或两餐，这会使得餐后的血糖、血脂负荷太大。希望大家把餐次分散，最起码要一日三餐，对于血糖波动比较大的患者，应尽量将餐次分为一天四餐或五餐，甚至六餐。这既可以控制血糖的升高，也可以防止低血糖反应的发生。

6. 肉类适可而止

我们强调一定要吃瘦肉，比如，去掉皮的鸡胸肉，瘦肉所含的脂肪相对比较低。如果血尿酸正常的情况下，还可以多吃点深海鱼或淡水鱼，鱼的蛋白质比较好，而且脂肪含量低，有些深海鱼还可以给我们提供非常重要的 ω-3 脂肪酸。建议每天摄入总量控制在 10 ～ 15 克，具体分的话可以是：清蒸鱼吃 15 克；去掉皮的鸡和鸭控制在 10 克；猪、牛、羊肉，这些红肉控制在 5 克。大家根据自身的情况来交替选择。

做到以上这些后，对于血糖、血压还有血脂的控制，可以达到一个比较好的效果。当然，控制饮食的同时还要注意餐后运动、睡眠的调节。总而言之，以膳食调节为基础，配合其他生活方式的调节，可以使"三高"整体控制达到一个比较好的水平。如果你已经出现了"一高"或"二高"更要严格控制，只要坚持 3 个月，形成一个新的饮食模式，这些代谢指标的控制，就能达到一个比较好的效果。

降血脂，多吃少吃有四样

据 2016 年由国家心血管病中心等权威机构发布的《中国成人血脂异常防治指南（2016 年修订版）》显示：近 30 年来，中国人群的血脂异常患病率明显增加，总体患病率高达 40.4%。

高血脂患者除了接受医院正规的治疗之外，在饮食上还要注意以下几点。

（1）多吃（喝）四样食物：水、蔬菜、奶类、豆类及其制品。

（2）少吃（喝）四类食物：盐、糖、动物脂肪及内脏。

（3）适量摄入的食物：主食做到粗细搭配；水果，每天不超过 200 克，以低糖或中糖水果为宜；禽肉、猪牛羊瘦肉类适量；多吃水产品，尤其是深海鱼，争取每周食用 2 次或以上。

一、多吃（喝）四样食物

1. 多喝水

每天建议饮水 1.5～1.7 升。即使对于普通人来说，多喝水也是有益身体健康的，高血脂患者尤其如此。高血脂患者血液黏度增高，血流速度减慢，促使血小板在局部沉积，易形成血栓。多饮水有利于缓解血液黏稠的程度，保持体内血液循环顺畅。此外，喝水也要注意方式方法。《中国居民膳食指南（2022）》建议成人每日推荐饮水量为 1.5～1.7 升。北京保护健康协会健康饮用水专业委员会主任赵飞虹建议喝水要遵循"少量多次"的原则：每次以 100～150 毫升为宜，间隔时间为半小时左右；小口喝水比大口灌水更加解渴，有利于人体吸收。

2. 多吃蔬菜

绿叶的白菜、油菜、菠菜，深色的紫甘蓝、茄子、胡萝卜等都是很好的选择。这些蔬菜除了含有大量水分外，还含有丰富的维生素 C 及粗纤维，维生素 C 具有降血脂的作用。世界卫生组织建议，每个人每天应至少食用 400 克（5 种）蔬菜和水果，尤其是蔬菜，水果需控制摄入量，不能像蔬菜那么多。高血脂患者每天的水果摄入应不超过 200 克，而且要以低糖或中糖水果为宜。此外，可以适当摄入山楂、木耳、蘑菇等食物，它们都具有一定的降脂作用。

3. 多喝奶

奶类主要成分是蛋白质，同时还是天然钙质非常好的来源。高血脂患者选择低脂或脱脂类奶制品为宜。喝牛奶时尽量不要空腹喝，因为乳糖不耐受的人空腹喝牛奶容易发生腹泻，最好配上碳水化合物类食物，如全麦面包、粗粮饼干等。

4. 多吃豆制品

自 20 世纪 80 年代，不断有研究证实，适量进食大豆及其制品，有助于治疗高脂血症，而且血脂水平越高的患者食用后降脂作用越明显。对于血脂正常的人，则没有进一步的降脂作用。

大豆在降脂作用上，具有"抑恶扬善"的特点：一方面，其所含的大豆蛋白、大豆卵磷脂、大豆异黄酮、亚油酸等协同作用，可以全方位降低血清总胆固醇，有效降低血清甘油三酯等；另一方面，它还能保护好胆固醇——高密度脂蛋白胆固醇水平，其所含的大豆皂苷还能促进脂肪分解，有助于防治动脉粥样硬化。

豆浆是常见的豆制品，通常我们在早餐中会喝豆浆或牛奶。那么，早餐是选牛奶还是豆浆呢？从补钙的角度牛奶优于豆浆，从调节血脂的角度豆浆更好，大家可以交叉着喝。其他豆制品，如豆泡、豆皮、油豆腐等加工过的豆制品，则要少吃，吃得多血脂容易升高。因此，吃豆制品要注意加工方法和烹饪方法。

二、少吃（喝）这四类食物

1. 少吃盐

盐是导致高血压、高血脂等心脑血管疾病的元凶之一。中国营养学会推荐成人每天食用盐的总摄入量是 5 克。高血压、高血脂患者更要减量。此外，还要当心食物中的隐形盐，尤其是加工食品（加工食品通常钠含量很高）。所以，高血脂患者饮食一定要清淡。

2. 少吃糖

吃太多的糖，尤其是白砂糖会造成血液中的甘油三酯升高，血液黏稠度增加，促使病变加快。糖的危害还不止于此，世界卫生组织曾调查了 23 个国家人口的死亡原因，得出结论：嗜糖之害，甚于吸烟！《中国居民膳食指南（2022）》建议每人每日添加糖最好限制在 25 克以内。高血脂和肥胖的患者，每天的摄糖量要低于 25 克。

3. 少吃土豆

土豆的淀粉含量比较高，淀粉富含碳水化合物，属于多糖，因此，这些富含淀粉的食物也属于高碳水化合物的食物。很多研究也证实，让体重增加的食物清单上，土豆制品排在第一位，其次是糖。

4. 少吃动物脂肪及内脏

根据中国营养学会的建议，饱和脂肪酸、多不饱和脂肪酸和单不饱和脂肪酸的比例为 1∶1∶1 最合适，但对于有高血脂、高血压的患者，需要减少饱和脂肪酸的摄入比例。动物脂肪和内脏富含饱和脂肪酸及胆固醇，过量食用的部分会通过血液沉积在血管壁、内脏等处，不利于健康。高血脂患者可以多吃水产品，尤其是深海鱼，争取每周食用 2 次或以上。不过，鱼头、虾头和蟹黄这些部位还是要少吃。

最后，注意烹饪方法。我们中国人传统的煎炸方式并不适合高血脂患者。高血脂患者的日常烹调方式宜选择凉拌、煮、蒸等无油或少油的烹调方式，还要注意每天烹调用油不超过 2 瓷勺，即 20 毫升。

脂肪肝，"肝"减肥从饮食入手

当下，中青年脂肪肝的发病率越来越高，检出率也越来越高。这种现象的出现是多种因素造成的，不可否认的是，不健康的生活方式是造成脂肪肝的重要基础。很多年轻朋友对此很苦恼，总有一个比较大的心理负担：为什么我得脂肪肝了呢？怎么办呢？

一、饮食对减轻脂肪肝非常重要

脂肪肝目前在临床上分为轻度、中度和重度，三个程度。如果大家注意好饮食和运动，轻度和中度脂肪肝完全可以治愈，对于重度脂肪肝，也可以减轻它的程度，所以，饮食控制在脂肪肝防治方面有相当重要的作用。

对于脂肪肝仍然要遵循早发现、早诊断、早治疗的基本原则。有了脂肪肝之后，我们要防止两种现象出现：一种是惊慌失措，心理负担很重，这只会造成代谢的进一步紊乱，对治疗是很不利的；另一种是无所谓，觉得脂肪肝不是很多人都有吗？有什么可担心的？这种漠视的态度有可能会延误脂肪肝的治疗，加重病情。因此，我们对脂肪肝的防治要有一个正确的认识。

大家注意，**脂肪肝没有特别的药物治疗，通过调节生活习惯，建立科学的饮食模式是控制和治疗脂肪肝的最佳途径**。科学的饮食模式、良好的生活方式的基本要点就是维持正常体重，戒烟限酒，甚至戒酒，且要加强体育锻炼，增加富含膳食纤维、低脂肪、低胆固醇的食物摄入。我认为，按照这种方式去做，很多脂肪肝都可以消除，至少可以减轻它的程度，希望大家努力地去实践。

脂肪肝在轻度时是治疗的最佳时期。所以，希望有轻度脂肪肝的朋友，抓住机会赶紧行动，要有持之以恒的心态去消除脂肪肝。对于重度脂肪肝，除了控制饮食之外，还要使用一些药物，采用药物＋饮食＋运动＋监测，多条路径、多种方式联合作战才能达到保肝、护肝的效果。

二、脂肪肝的饮食调节

患了脂肪肝之后，首先要做的是饮食调节。饮食调节有八个基本的要点。

1. 必须严格禁酒

有人问："我少量喝点行不行？"不是说绝对不行，逢年过节喝一杯也没什么大不了的，但是，除了逢年过节之外，平时要做到尽量不喝，因为酒精可以直接损伤肝细胞，造成转氨酶升高。另外，酒精本身含有较高的热量，1 克酒精产生 7 千卡的热量，比糖和蛋白质产生的热量都高。因此，戒酒是控制脂肪肝转重的首要前提。希望大家不要存在侥幸心理，平时不必要的情况下一定要做到滴酒不沾。

2. 禁止食用肥肉和动物内脏

限制高脂肪、高胆固醇食物，控制肥肉和动物内脏是核心。很多脂肪肝患者的共性就是喜欢吃肥肉和动物内脏，这种习惯往往是产生脂肪肝的基础。除了肥肉和动物内脏，还有一些人特别喜欢吃鸡皮、鸭皮。我有一位肥胖的女性学员是脂肪肝患者，她就喜欢吃鸡皮，特别爱吃鸡脖子，尤其喜欢吃鸡脖子上的皮，结果造成了脂代谢的紊乱和肥胖，最后出现高脂血症和脂肪肝。所以，大家一定要控制肥肉、动物内脏、鸡皮、鸭皮的摄入。

3. 要控制植物油

脂肪肝患者必须要控制每天烹调用油，总量要控制在 20 克以内，差不多是瓷勺 2 勺。在正常情况下，我们吃的油不超过 3 瓷勺，对于脂肪肝患者，无论是轻度、中度还是重度，都要控制在 20 克之内。中度和重度脂肪肝患者最好控制在 15 克之内。而且脂肪肝患者的食用油必须用植物油，绝对不能用动物油去烹调。

曾有一位脂肪肝患者，他知道不能吃动物油，但觉得多吃"素油"（植物油）应该没事儿。想通过多吃"素油"来弥补不吃肥肉和动物油口感上的缺憾，很遗憾，他因大量摄入植物油而加重了脂肪肝。大家注意，不管是动物油还是植物油，他们产生的热量是一致的。1克脂肪可以产生9千卡的热量，这是一个非常高的热量，所以我们对于植物油和动物油都要限制，不能说只吃植物油就可以放开了吃。

4. 要做到粗细搭配

有一位老年的脂肪肝学员，他也是肥胖患者，他患上脂肪肝的一个重要原因是肥胖，什么原因导致的肥胖呢？是因为他大量摄入粗粮，而且是超大量摄入粗粮。他觉得粗粮安全、健康，如果吃精米面，他每天控制在150～200克，一吃粗粮，这位老年患者可以吃到500克，结果就造成了热量摄入过高。粗细搭配的前提一定是总量控制在合理范围之内，然后增加粗粮比例，大家千万别矫枉过正。

5. 控制甜食和高盐食物

脂肪肝患者一定要严格控制甜食。甜食有比较高的热量，而且容易升高血糖，这都是脂肪肝患者的大忌。对于那些高糖的水果，包括香蕉、葡萄、荔枝、菠萝、甘蔗、杧果等，都不能大量吃，应选择一些含糖相对低的水果，如柚子、草莓、猕猴桃等。每天吃水果的总量控制在200～300克是比较合适的。

高盐食物对脂肪肝患者也不适合。一方面，高盐食物对血压有影响；另一方面，吃高盐食物会造成主食在内总食物量摄入的增高。

6. 避免吃了大鱼大肉以后立即喝茶

有些人觉得吃了大鱼大肉以后立即喝茶，特别是喝浓茶，可以刮刮油。其实，这是没有科学道理的。相反，茶叶中含有大量的鞣酸，可以和我们吃的那些动物性食物中的蛋白合成一种叫鞣酸蛋白的东西，容易使肠道的蠕动变慢，可能会造成排便的困难，或者是便秘。粪便在体内停留的时间延长还会增加粪便所含的有害物质对肝脏的毒害作用，所以，大快朵颐之后喝茶反而可能会对脂肪肝的治疗不利。

7. 每天多吃蔬菜

脂肪肝患者要吃多样化的蔬菜，五颜六色的，吃出一道彩虹。脂肪肝患者蔬菜摄入量可以高于国家推荐的标准量 500 克，争取达到 750 克更好，有的患者可以吃到 1000 克。我有一个年轻的脂肪肝学员，他就是通过大量吃菜，减少吃肉，避免了少吃肉以后产生的饥饿感。同时，他也控制了热量，这样的饮食结构对于消除脂肪肝还是有很大帮助的。但是要注意，蔬菜里的土豆、山药、芋头等薯类，应该当作主食看待，因为薯类蔬菜淀粉含量很高，与主食类食物的营养成分和作用近似。所以薯类蔬菜的摄入需要限制，否则可能造成体重的增加，从而增加脂肪肝的程度，或者是风险。

8. 规律运动

除了饮食上的注意事项之外，脂肪肝的朋友尽量保持规律性的运动，保持充足的睡眠，不要吸烟，争取把体重向正常范围靠拢，并且维持在相对合理的水平。

家长们对儿童也要注意防止脂肪肝的发生和发展。目前，在青少年和儿童中，脂肪肝的问题越来越突出，这与儿童肥胖有着很大关系，很多小胖墩就是脂肪肝的患者。对于儿童，一定要注意从小培养控制体重、规律运动、合理饮食等好的生活习惯，减少含有高油、高糖、反式脂肪酸等食物的摄入。建议儿童每天运动 1 小时，从小维持一个良好的体重，这对于避免脂肪肝是非常有帮助的。

孕期减重，精打细算

大吃大补，是备孕、怀孕期间常见的误区。孕前肥胖会影响身体内分泌功能和卵巢排卵功能，不利于受孕。而孕期肥胖更容易患孕期疾病，如妊娠期高血压和妊娠期糖尿病等，且会增加孕产期胎儿流产、早产等风险。研究数据显示，过度肥胖的孕妈妈妊娠期高血压的患病率为50%，妊娠期糖尿病的患病率比体重正常的孕妈妈增加 4 倍。更重要的是，如果孕期增重太多很可能形成产后最难减掉的"妈妈肥"。因为一旦脂肪细胞太大，其分泌的某些激素会使人体的新陈代谢和脂肪燃烧减缓，导致减肥的时间长、效果差。所以，孕妈妈最好孕期能够管理好体重，避免产后臃肿的身材。

按照《中国居民膳食指南（2022）》的孕期膳食指南要求，妊娠期女性在一般人群膳食指南的基础上要补充叶酸，常吃含铁丰富的食物，选用碘盐；孕吐严重者，可少量多餐，保证摄入适量含碳水化合物的食物；孕中晚期适量增加奶、鱼、禽、蛋、瘦肉的摄入；孕期坚持适量身体活动，维持孕期增重适宜。

一、孕期每天需要摄入的热量

通常孕早期胎儿需要的营养不多，如果没有严重的孕吐反应，孕妈妈的饮食需要热量与健康成人一样就好。热量计算方法，可以按照下面的公式计算。

健康成年非孕期女性所需热量 = 基础热量 × 活动因素值。

基础热量 =9.99× 体重（千克）+ 6.25× 身高（厘米）- 4.92× 年龄 - 161。

活动因素值，如表 4-11 所示。

表 4-11　活动因素参考值

活动因素值	活动类型
1.2	久坐不动、看书、睡觉、看电脑
1.375	走路、钓鱼、弹琴
1.55	广场舞、快走
1.725	踢足球、打篮球
1.9	职业运动员

比如，一名 28 岁非孕期女性，体重 53 千克，身高 160 厘米，平时不是很爱运动，最多是走走路。那么，她的活动因素值为 1.375，需要的基础热量为：

$[9.99 \times 53 + 6.25 \times 160 - 4.92 \times 28 - 161] \times 1.375 \approx 1692$（千卡）。

如果这位女性怀孕，她的孕期每日热量怎么计算呢？

根据孕期不同，对应的热量通常为：

孕早期（14 周内）：所需热量与孕前一样。

孕中期（15～28 周）：孕前所需热量 +340 千卡。

孕晚期（29 周到分娩）：孕前所需热量 +452 千卡。

如果这位女性在孕中期，那么她每天应摄入的热量为 2032（1692+340）千卡。

二、孕期的理想体重范围

大家最关心的孕期体重多少是适宜的呢？如果是单胎，根据自己的身高、体重测得的 BMI 值，不同孕期的体重增长情况如表 4-12 所示。如果怀的是双胞胎，那么，体重增长情况如表 4-13 所示。

表 4-12　单胎孕妈妈孕期增重范围和不同孕期的增长速度

体重分级	孕期增重范围 / 千克	每周增重建议 / 千克
偏瘦	12.5～18	孕早期 0.5～2
		孕中晚期 0.51

续表

体重分级	孕期增重范围 / 千克	每周增重建议 / 千克
正常	11.5 ~ 16	孕早期 0.5 ~ 2
		孕中晚期 0.42
超重	7 ~ 11.5	孕早期 0.5 ~ 2
		孕中晚期 0.28
肥胖	5 ~ 9	孕早期 0.5 ~ 2
		孕中晚期 0.22

表 4-13 双胎孕妈妈孕期增重适宜范围

孕期体重状况	孕期体重增长范围 / 千克
体重不足	17 ~ 25
标准体重	14 ~ 23
超重	11 ~ 19
肥胖	11 ~ 19

孕妈妈容易过于肥胖，一方面，与怀孕本身有关系，孕妈妈胃口比孕前大，总觉得饿；另一方面，很多孕妈妈担心胎儿营养不足，才特别想吃。但孕期体重增长过多，对孕妈妈和胎儿都不利。所以为了孩子好，也为自己好，建议孕妈妈合理控制体重。首先，请控制高热量的零食摄入，备一些酸奶、低糖水果、粗粮饼干等；其次，需要改变用餐习惯。

孕期女性超重了，每天需要多少热量？该怎么控制呢？

中国营养学会推荐每人每天的热量摄入不能低于 1200 千卡，也就是说，不管你体重是多少，每天的热量摄入都不能低于 1200 千卡。尤其孕期的热量摄入更是不能过低，否则会影响孕妈妈的健康和胎儿的发育。所以，我建议即使是超重的孕妈妈每天的热量摄入也不能低于

1200 千卡。

　　以身高 160 厘米的孕妈妈为例，如果孕早期超重，建议减肥期间的每天热量摄入维持在 1692 千卡左右；孕中期超重，每天的热量控制在 2000 千卡左右；孕晚期超重，每天的热量控制在 2100 千卡左右。

　　在孕妈妈体重超重的同时，一定要关注血糖情况，如果检查出血糖高，要根据医生建议积极控制血糖。如果孕妈妈忍受不了节食，那就增加运动量，可以通过游泳等运动将多摄入的热量消耗掉，那样才能有效避免孕期肥胖所带来的各种危险。

三、孕期减肥的营养分配

　　如果想减肥，建议将每餐需要的菜、肉、饭放在一个小碗里，所需要的量，直观上最好的度量请参考前文的"手掌法"。这一碗饭要保证有适量的碳水化合物（少量的主食）、充足的蛋白质（肉、蛋等）、丰富的维生素（蔬菜、水果）和优质的脂肪（肉或食用油）。

　　碳水化合物　孕妈妈每天应摄入不低于 130 克的碳水化合物，首选易消化的谷薯类食物，比如，180 克的米或面食，550 克薯类或鲜玉米都可以提供 130 克的碳水化合物。

　　蛋白质　孕中期建议每天摄入至少 500 克的奶，每天的鱼、禽、蛋、瘦肉的摄入各 50 克，孕晚期这些食物的摄入量需要增加到 75 克。

　　维生素　孕期建议一天能吃到 500 克的蔬菜，绿叶菜要占到一半以上，因为蔬菜是维生素最好的来源，比如，100 克西兰花的维生素 C 含量是 51 毫克，相当于 100 克橙子所含维生素 C 的 1.5 倍。

　　脂肪　孕妈妈每天的脂肪摄入量没有特殊的要求，因为在摄入蛋白质食物的时候也会有脂肪摄入，炒菜、炖菜使用的食物油也会给人体提供脂肪。如果非要给个量的话，每天的脂肪摄入量不应超过 60 克为好。

　　叶酸　孕期对叶酸的需求量比非孕时每天增加 600 微克，如果一天摄入 400 克蔬菜的话，那么，蔬菜可以提供 200 微克的膳食叶酸，其余的 400 微克，可以通过口服叶酸片剂进行补充。

铁　富含铁的食物如动物血，每 100 克含有 340 毫克铁，吸收率为 10% ～ 75%；动物肝脏也含铁丰富，如每 100 克猪肝含有 25 毫克铁，吸收率约为 6%。此外，蛋黄和猪、牛、羊的瘦肉的铁含量也相对较多。

钙　多吃含钙丰富的食物，怀孕中晚期每天补钙要达到 1000 毫克以上。遵医嘱适当服用补钙制剂。

四、孕期减肥宜少吃多餐

很多孕妈妈都知道少吃多餐，但在实际操作过程中，她们做到了"多餐"，却做不到"少吃"。这个少吃是每顿都少吃，三顿正餐少吃，中间的零食时间也少吃。可孕妈妈担心胎儿营养不够，往往每餐都吃到撑才停止。所以，体重蹭蹭长。这也正如人们所说的，你长的每一斤肉都是有迹可循的。

少吃多餐一般建议每天 5 ～ 6 餐。三顿正餐：早餐占总热量的 10% ～ 15%，中餐和晚餐各占 30%；加餐：9：00 ～ 10：00、15：00 ～ 16：00、20：00 ～ 21：00 或睡前加餐一次，每次加餐的热量占总热量的 5% ～ 10%。需要减肥的孕妈妈的晚餐热量占比安排要高于非孕期女性，因为孕妈妈如果吃得太少，晚上胎儿的热量消耗会让孕妈妈出现低血糖，不利于健康。

孕妈妈切不可盲目节食控制体重，因为太长时间的节食会让体内的脂肪加速分解，在脂肪分解过程中会有发生酮症酸中毒的危险。酮症酸中毒的危害之一就是对宝宝的神经系统发育造成损害。需要减肥的孕妈妈，不能急于求成，每周减 0.5 ～ 1 千克为宜。如果因为一些原因，超重的孕妈妈不能够控制饮食，也不能增加运动量，那么，最好的办法是不让体重上长，随时调整热量供给种类，将高升糖指数的食物改为低升糖指数的食物

产后减肥，哺乳帮大忙

产后快速恢复孕前的身材，这是很多女性的期望，但有的新妈妈会担心减肥影响乳汁的分泌。哺乳期减肥会影响乳汁分泌吗？

产后肥胖通常是妊娠期间囤积的脂肪，如果妊娠期体重正常，产后通常只是因为子宫还未完全恢复，而导致腹部略显肥胖。还有一种可能就是在坐月子期间吃得营养过剩，造成脂肪囤积。那么，产后如何正确减肥呢？

一、少喝汤多吃肉

在我们国家，产后要坐月子，月子期间就要吃好的，喝好的。一方面，给产妇调补身体；另一方面，促进乳汁分泌。在大家的潜意识里，奶水都是食物的精华，母亲自身的营养是乳汁的基础，只要母亲吃得多奶水就会多。实则，吃的量与奶水的量没有比例关系，她们既不是正比关系，也不是反比关系。

为了补充乳汁的蛋白质，哺乳期的女性确实需要比孕前多吃 80 克左右的鱼、蛋、瘦肉等食物；为了增加婴幼儿维生素 A 的摄入，孕妈妈要比孕前多摄入 600 微克视黄酮，建议孕妈妈们多吃一些鸡肝等。

现实情况是，很多女性为了补充足够的营养，吃的真不少，可奶水就是不多，自己反而被月子餐催肥了。这又是为什么呢？

奶水的分泌受泌乳素的影响，泌乳素受内分泌的调节。所以，吃多少并不会对泌乳素产生直接的影响，只要身体健康，内分泌调节正常，乳汁就会在宝宝的吸吮刺激下越来越多。因此，孕妈妈吃得多不如吃得均衡。同时，奶水的大量分泌，有助于身材的恢复，因为奶水中 50%

是脂肪，而这些脂肪均来自于母体。

　　鸡汤、猪蹄汤、鲫鱼汤、排骨汤等，在月子餐中被认为是催奶汤。其实，"喝汤奶水多"是一种"以形补形"的错误思想。实则，肉汤里面的营养价值很低（表4-14），远远不能跟肉本身的营养相比。

表 4-14　鸡肉与鸡汤的营养成分对比

营养素	鸡肉	鸡汤
热量 / 千卡	190	27
蛋白质 / 克	21	1.3
脂肪 / 克	9.5	2.4
维生素 A / 微克	63	0
核黄素 / 毫克	0.2	0.1
烟酸 / 毫克	0.5	0
钙 / 毫克	16	2
钠 / 毫克	201	251
铁 / 毫克	1.9	0.3
锌 / 毫克	2.2	0

　　肉汤的营养全部来自肉，肉类中含有水溶性和非水溶性两种营养成分。经过炖煮，汤里只有少量水溶性的营养素和少量的蛋白质会溶出来。而肉类所含的绝大多数营养物质是非水溶性的，如钙、铁和90%以上的蛋白质等还保留在肉中。

　　有人说："不能溶在汤里的物质都是不易被人体消化的东西，吃了也没用。"这也是错误的观点。对于健康的成年人来说，喝汤弃肉是舍本逐末的行为，得到的营养太少了，起不了补铁、补钙的作用，蛋白质的摄入也不足。

　　而大家认为熬出了营养精华的白汤，其实是乳化的脂肪，没有什么特别的营养，还不如清汤。汤能变成乳白色，主要归功于脂肪，乳白色的汤汁就是乳化的脂肪。在长时间的熬制过程中，食用油和肉自身所含的脂肪会被粉碎成细小的微粒，卵磷脂和一些蛋白质能起到乳化剂的作用，形成水包裹着油的乳化液，形成乳白色的"奶汤"。如果坐月子期间经常喝这种汤，会让身体的脂肪越来越多。

肉汤除了脂肪含量高，嘌呤和钠含量也高。因此，患有痛风和"三高"的人都不建议多喝，以免脂肪超标。如果想补充乳汁的营养，建议吃肉不喝汤或少喝汤，或者肉汤改成蔬菜汤。

二、哺乳期摄入热量的多少要看哺乳情况

世界卫生组织建议婴儿 6 个月内纯母乳喂养，婴儿 6 个月之后在添加辅食的基础上持续母乳喂养到 2 岁，甚至更长时间。

乳母的营养状况是婴幼儿健康的基础。哺乳期间，想要乳汁分泌正常、富含婴儿所需的营养，饮食方法可参考孕期，那就是少吃多餐，这样也可以避免乳母发胖。一天吃 6 顿饭，尽量做到每一顿饭的食物搭配有所区别，最终目的是让 6 顿饭的总和来满足一天的营养所需。

通常，哺乳期一天所要摄取的热量为 2600 ～ 2800 千卡，比非妊娠期和哺乳期的减肥餐摄入的热量多。

有人奶水充足，除了白天哺乳，晚上也要给宝宝喂 2 次母乳。吃了 1 个月的月子餐，瘦了 5 千克。我们一起看看，她一天 6 顿饭都吃了什么（表 4-15）。

表 4-15 哺乳期一天 6 餐示例

餐次	食谱
早餐 7：30（395 千卡）	100 克杂粮馒头（145 千卡）
	1 个鸡蛋（90 千卡）
	1 碗蔬菜汤（70 千卡）
	5 个坚果（90 千卡）

续表

餐次	食谱
加餐 9：30（251 千卡）	1 碗蒸南瓜（66 千卡） 1 个橙子（96 千卡） 1 片全麦面包（89 千卡）
午餐 11：30（478 千卡）	50 克杂米饭（63 千卡） 100 克清蒸武昌鱼（164 千卡） 100 克清炒茼蒿（50 千卡） 1 碗豆腐海带汤（96 千卡） 5 只水煮虾（105 千卡）
加餐 15：30（517 千卡）	100 克红心火龙果（60 千卡） 1 根香蕉（82 千卡） 1 个蛋挞（375 千卡）
晚餐 18：00（626 千卡）	1 碗小米杂粮粥（76 千卡） 2 个牛奶花卷（386 千卡） 100 克笋烧排骨（97 千卡） 100 克清炒西兰花（36 千卡） 100 克通草鲫鱼汤（31 千卡）
加餐 21：00（435 千卡）	1 袋牛奶（135 千卡） 3 个紫菜包饭（300 千卡）

　　以上 6 顿饭共计约 2700 千卡。一名婴儿吃母乳，每天可以摄入大约 50 克的脂肪。即使哺乳期间宝妈没有做太多的运动，通过哺乳就可以消耗很多的脂肪，这也是哺乳期的女性吃得多还能减肥的原因。

　　对于奶水比较少或者无法分泌乳汁的产后体重超标的新妈妈，上述方式对恢复标准体重的效果会大打折扣。这类新妈妈同样每天摄入 2700 千卡的热量，就必须进行运动锻炼，否则减肥就很困难。因此，产后的女性如果不哺乳，饮食就要控制。当然，为了身体健康，产后正是身体虚弱的时候，坐月子期间不要吃减肥餐，正常饮食即可。

三、预防产后便秘

产后的女性通常还有一个问题那就是便秘。便秘的原因是多方面的，在此不做赘述，排除肠道的病理因素，通常在饮食上摄入以下食物，就可以有效防止产后便秘的发生和发展。

粗粮　主食增加粗粮占比，如玉米面、糙米、燕麦、荞麦等。

高纤维食物　多吃富含纤维的蔬果，如豌豆苗、白菜、油菜、莴苣、笋、海白菜、熟香蕉、苹果等。

发酵食物　酸奶、干酪、醪糟等。

水　产后多喝水，既有助于乳汁分泌，也有助于防止便秘。

很多人知道，咖啡有助于肠蠕动，具有促进排便的作用，但哺乳期的女性不建议利用咖啡来防治便秘。因为咖啡因可以通过乳汁进入婴儿体内，而婴儿对咖啡因的代谢很慢，会对婴儿的睡眠，或者对铁代谢产生影响。鉴于此，哺乳期的女性不建议饮用含有咖啡因的咖啡、茶、可乐等食品。

至于运动方面，由于顺产和剖宫产的产后康复运动会有所差别，建议按照康复中心的意见进行适当运动，循序渐进，不要着急。

老年人如何减重不减肌

很多年来，总会有人说"有钱难买老来瘦"。但老年患者中，能"扛"过各种疾病，恢复快且好的老人都不瘦。这么说，并不是鼓励老年人都胖起来。肥胖容易引发糖尿病、冠心病等，是许多疾病的温床。因此，如果确实偏胖，而且还患有高血压、糖尿病等慢性疾病，那你就得减肥了。但减肥的力度不用那么大，BMI 不超过 25 kg/m^2 就好，不要追求"老来瘦"。

这是因为，老年人减肥与中青年不同，他们面临的不是肌肉流失这么简单，而是肌少症。人体肌肉流失会随着年龄的增大而增多。老年人减肥，多是以肌肉下降为主。老年人身体肌肉本来就少，随着体重的下降，肌肉会进一步流失，这就很容易患上肌少症。

据调查，30% 的 60 岁以上老年人和 50% 的 80 岁以上的老年人均患有不同程度的肌少症。亚洲国家，60 岁以上老年人中 8% ～ 22% 的女性和 6% ～ 23% 的男性患有肌少症。

肌少症，不仅仅是肌肉含量的减少，还包括肌肉功能和力量的下降，还会影响胰岛素功能的发挥。

胰岛素是一种蛋白质，与其他蛋白质一样，是一连串的氨基酸扭曲在一起。但与构建肌肉的蛋白质不一样，胰岛素的氨基酸结构更像是一个信号机制。肌肉纤维上有很多胰岛素受体，当胰岛素通过血液来到肌肉组织中时，会与肌肉中的胰岛素受体结合，就像钥匙插在了对应的锁孔中，肌肉细胞便打开闸门，把合成肌肉的成分，如葡萄糖、氨基酸等放进来。

老年人的肌肉本来就少，如果因为减肥而导致肌肉进一步流失，胰岛素受体也会随之大幅减少，下一步就是一部分胰岛素发挥不了生理功能，糖的分解下降；另一部分胰岛素虽然能够与受体结合，但数量太少，机体胰岛素的整体功能也会下降。

大家都知道，人岁数越大，患病风险就越高，一旦遇到疾病、创伤和手术治疗时，体重偏低的老年人的死亡率要比体重正常的老年人要高。这是因为老年人肌肉减少的"瘦"，容易患感染性并发症，还会导致糖尿病等慢性疾病发病率的增高。因此，我们一直强调，老人减肥不要减肌肉。

一、老年人应该多重合适呢？

1.BMI 范围

老年人的 BMI 健康范围是 $18.5 \sim 25 \ \text{kg/m}^2$，比中国成年人 BMI 健康范围 $18.5 \sim 23.9 \ \text{kg/m}^2$ 稍微高了一点。

2. 体脂率

从体脂率上划个范围的话，老年人的体脂率保持在 20% 左右就可以。如果老人外形上不太胖，增肌就可以了。如果老人 BMI 高于 $25 \ \text{kg/m}^2$，体脂率又高，那么减肥就要减脂 + 增肌同时进行。

二、老年人如何减肥？

1. 每月减重 500 克

老年人减重比年轻人更要注意减肥速度，每月减掉 $0.5 \sim 1$ 斤体重就可以了。若体重下降太快，老人发生低血糖的概率会升高，老年人长期反复低血糖，会导致中枢神经系统的不可逆损害，会引起老年人性格上的改变，还会诱发阿尔茨海默症。因此，肥胖的老年人，要慢慢减肥，对饮食控制不要过于苛刻。尤其那些吃着降血糖药物的老年人，发生低血糖的风险更大。

2. 运动以保护膝关节为主

很多老年人为了减肥，他们往往会选择自己力所能及的运动——快步走。有的老人能一次坚持走 5000 ～ 10 000 米，但往往走几天就可能出现关节疼痛，活动困难。因为，多数老年人膝关节的关节软骨都有一定程度的磨损，关节腔内的润滑液分泌不足，快走的过程中，容易造成股骨、髌骨与胫骨之间的摩擦加重，可能会引起膝关节疼痛、肿胀。因此，老年人的身体活动一定要循序渐进，不能过量。

3. 补充优质蛋白

《肌肉衰减综合征营养与运动干预中国专家共识》指出，正常老年人群每日蛋白质补充量要达到 1.0 g/kg 体重，衰弱及肌少症老年人蛋白质补充量要达到 1.5 ～ 2.0 g/kg 体重。

老年人减肥一定要防止肌肉的流失，多摄入优质蛋白。优质蛋白包括：鸡蛋、鸡胸肉、鱼肉、瘦牛肉、坚果、豆类等。这些食物富含人体易吸收的优质蛋白，热量都不太高。如果同时患有其他代谢性疾病，如高血压、糖尿病，也可以食用。对于老年人来说，在补充优质蛋白的同时还要补充维生素 D。补充维生素 D 的方法，除了要多晒太阳，还可以吃一些维生素 D 制剂。

"老来发福不是福""有钱难买老来瘦"这些说法都不够科学，老年人对体型的要求可以比年轻人宽松一些，稍微胖一点也没关系，但不能过"养膘蓄脂"的生活。

熬夜的人如何安排三餐

睡觉是生命不可缺少的一个环节，与健康密切有关，也与减肥和增肌相关。经常健身的人应该知道：睡不好，减不了肥；睡不好，增不了肌。

对于绝大部分人来说，睡眠就是晚上睡觉。但是，对于有一些职业来说，睡眠是白天睡觉，因为他们需要熬夜加班或值夜班。另外，现在有些年轻人睡得越来越晚了。

熬夜的人会遇到肥胖问题吗？答案是肯定的。

一、打破昼夜节律，肠道菌群有变化

人类与许多动物、植物、细菌一样，体内都有一个生物钟。这种昼夜节律的形成与光线、激素分泌、睡眠、血压、进食、体温都紧密相关。如果这个昼夜节律被打乱，就会引发一系列的问题。

"熬夜胖"，2017 年 *Science* 刊文：打破小鼠昼夜节律，小鼠肠道中的革兰阴性细菌会显著提高，引起它们增加对膳食脂肪酸的摄取，促进脂肪合成。

"倒时差的痛苦"，2014 年的 *Cell* 期刊上，魏茨曼科学研究所的研究人员发现，在有时差反应人群的粪便中，厚壁菌门显著提高，这类细菌与肥胖和代谢疾病的发生相关。

经常夜间活动的人的菌群其实是一种失调状态，也更容易发生肠道疾病和肥胖。

关于夜间活动对健康的影响，国外一项有关 4 万多人的随访结果显示：与不开灯、使用小夜灯相比，喜欢在房间开着电视或开灯睡觉的女

性更易变胖。她们增重 5 千克（或以上）的可能性上升了 17%。

打破昼夜节律会变胖，开灯睡觉也可能会变胖，这是我要传达给大家的信息。

二、熬夜影响生长激素的分泌

睡眠是有周期的，一整晚的睡眠过程由多个睡眠周期构成，如图4-1 所示。

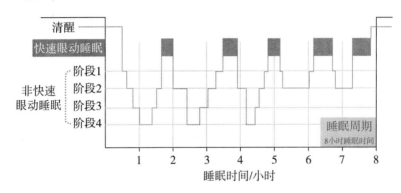

图 4-1　睡眠周期

我们的睡眠像海浪一样，有深有浅。每晚，我们都是从快速眼动睡眠（REM，最浅的睡眠，在这个阶段，大脑神经元的活动与清醒的时候相同）状态进入到深度睡眠状态，即非快速眼动睡眠（NREM）的后期，然后再过渡到快速眼动睡眠状态。这样 4～5 个循环后，深度睡眠消失，逐渐进入快速眼动睡眠与浅睡眠交替状态，最后自然清醒。

在整晚的睡眠中，只有在第 1 次深度睡眠时，体内分泌的生长激素水平最高，在其他时段分泌的峰值会显著下降，如图4-2 所示。

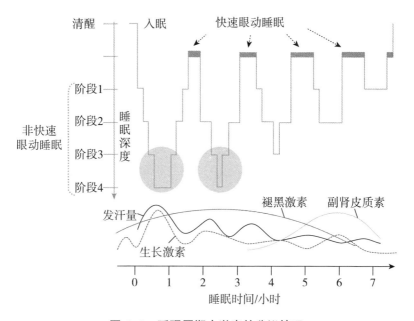

图 4-2　睡眠周期中激素的分泌情况

　　生长激素是腺垂体细胞分泌的蛋白质，主要生理功能是促进神经组织以外的组织生长，如骨骼、肌肉等。很多人以为只有成人之前体内才会分泌生长激素，成人之后不会再长高，所以就认为体内不分泌生长激素了。其实，成人也分泌生长激素，只是由于骨骺闭合，它的作用不会作用到骨骼，而是在促进蛋白质的合成、抑制对葡萄糖的利用、减少葡萄糖的消耗、加速脂肪分解等方面发挥作用。因此，生长激素的正常分泌，对减脂和增肌都有促进作用。

　　但你不要以为无论白天还是夜间，只要有深度睡眠就能促进生长激素生长。生长激素受性别、年龄的影响外，它还受昼夜节律的影响。通常 22:00 渐入深度睡眠最有利于生长激素的分泌，后半夜和白天进入深度睡眠，生长激素即使分泌也不会太多。

　　很多人的感受是，值了一个夜班，休息一周也缓不过来，这就是昼夜睡眠质量之间的明显差异。晚上睡还是白天睡，睡眠质量不能单纯用时间来衡量。

大家一定要有一个意识，你的身体自有一套运转模式，你顺应它，你和它就是好搭档，你不顺着它，你要么是它的敌人，要么是"猪队友"。

三、熬夜让身体储备脂肪和糖

我们的身体是智能的，如果人经常熬夜，睡眠时间不足，身体就会出现"应激"状态，自动储备"粮食"，以应对身体长时间的"劳作"状态，这些储备的"粮食"就是脂肪。这个结论是经过实验得出的。睡眠时间短，熬夜到凌晨 2：00 左右，睡眠时间少于 5 小时，夜间的脂肪酸水平就会明显升高，持续时间长达 5 小时左右。长期如此，就容易引发肥胖。

与此同时，内分泌系统也会出现"响应"，胰岛素的敏感性明显降低，胰岛素抵抗水平也会增加，控制血糖的胰岛素含量会降低 20% 左右。胰岛素水平下降，血糖升高，过多的葡萄糖也就不会被处理，从而转化为脂肪"入库"储存。

四、熬夜吃得多

回忆一下，你熬夜的时候是不是更容易饿呢？

研究显示，熬夜、睡眠少的人群会比睡眠充足的人群，平均多摄入 385 千卡的热量。睡眠不足会导致大脑部分区域的活动改变，使人们对高热量食物的欲望显著增高。

总之，对于多数人来说，熬夜的时候更不容易控制进食，也不利于通过减少热量来减肥。

五、值夜班的三餐时间安排

如果避免不了值夜班，怎么才能避免肥胖呢？

假设 22：00 开始上班，到第二天 8：00 下夜班，可以选择下面 2

个进食方案。

1. 下班后吃早饭

早、午、晚餐分别安排在 9：00、13：00、19：00。三餐要按照减肥餐"4 个 2"原则安排，即每天保证有 2 袋牛奶（一袋 250 毫升）、2 个鸡蛋（约 100 克）、2 两（100 克）瘦肉（红肉 + 白肉，红肉：白肉 =1∶1）和 2 两（100 克）豆制品。如果晚上脑力劳动或体力劳动比较大，晚餐可以适量多吃一点，以保证上晚班前的那一顿热量稍高，并保证晚餐后到第二天下夜班时处于禁食的状态，除了喝水不要吃东西。下夜班后，差不多 9：00 左右开始吃早饭。

2. 下班后不吃早饭

早、午、晚餐的时间点分别安排在 13：00、17：00、21：00。在晚餐后到第二天 13：00 期间处于禁食的状态。要做到这一点，就要求下班后不吃饭先睡觉，睡到 12：00 左右起床准备吃饭。

无论下夜班吃不吃饭，你的第一顿饭都是"早餐"。在三餐的时间上，尽量保持第二餐在第一餐后 4 小时，第三餐在第二餐后 4～6 小时。

如果下了夜班，第二天休息一个白天，第三天正常上早班，怎么调整呢？

你可以下夜班后先睡觉，差不多 12：00 左右起床第一顿饭，第一顿饭不要吃太油腻，以深色蔬菜水果为主。吃完第一顿饭后继续睡觉，到了 16：00 多，起来活动一下，准备一下第二顿饭。这顿饭要以低热量的高蛋白为主，多吃鱼虾，再多吃点清淡的粥类和蔬菜、水果。

这种情况下，建议第二天不要睡太多，也不要吃太油腻。如果白天睡太多或吃得太油腻，会加重胃肠道的负担，疲惫感会更强。吃得清淡一些，减少胃肠负担，晚上再来一个高质量睡眠，第三天就会以饱满的精神投入到清晨的工作中去。当然，减肥的目的也达到了。

为什么很多人下了夜班，感觉"上火"，不想吃东西，其实这是身体疲劳的一种表现。从生理上讲，晚上支配心脏和肌肉的交感神经应该处于抑制状态。如果上夜班，交感神经就会处于被迫"营业"状态。交感神经的兴奋可以让头脑保持清醒、肌肉有力地活动。同时，交感神经的另一作用是抑制胃肠道的平滑肌运动，如果它处于兴奋状态，消化道的蠕动会减弱，一些腺体（如唾液腺）分泌会停止，这也是一些人值完夜班会不想吃饭的原因。这种情况下，正好适合吃点清粥小菜。

食堂吃饭，热量自己控制

"有一种爱，叫食堂阿姨的爱，这种爱，让你沉甸甸。"

上大学的时候，顿顿吃食堂。很多学校食堂大厨为了让来自天南海北，甚至不同国家的同学吃到家乡菜，饭菜的花样可谓无比壮观。同学们在校园的食堂时光是非常美好的，也是"沉甸甸"的，很多刚上大学的同学，因为食堂的饭菜迅速变胖。

除了学校，很多单位的食堂也是一大亮点。有的公司食堂有茶餐厅、面包房，甚至涵盖我国各大菜系，如淮扬菜、粤菜、川菜、湘菜等，每餐的饭菜种类达上百种。如果遇到这样的单位，谁能忍得住少吃呢？

从早到晚在食堂吃饭，饭菜品种、油的用量等也不受我们控制，我们该怎么避免肥胖和减肥呢？

一、早餐

食堂提供的早餐通常会比家庭早餐品种多，我们中国人的早餐桌上常见的有鸡蛋、豆浆、牛奶、粥、馄饨、面条、烧饼、馅饼、小笼包、油条、豆腐脑、面包等。为了开启元气满满的一天，建议早餐尽量吃得丰富一些，而且要富含优质蛋白。如处于减肥期，一些常见的早点在选择的时候要注意：

——豆浆一定不要加糖；

——油条含油量高，尽量不要吃；

——豆腐脑尽量少放卤。北方人吃豆腐脑要放咸味的卤，卤汁在制作过程中会用到耗油、老抽、生抽调色和调味，还会放大量的淀粉使其变得黏稠，所以卤汁的总热量通常比较高；而南方人喜欢吃甜味的卤，糖往往会比较多，热量也很高。因此，无论南方还是北方的吃法，尽量不放或者少放卤。

在食堂，早餐通常不会准备水果或蔬菜，建议大家自己准备一些，以丰富早餐中的营养。

二、中餐

在比较好的食堂，中餐是三餐中最为丰盛的，在丰富的午餐面前，如何搭配食物吃得既营养、美味又控制体重，请记住以下几点。

1. 看食材

减肥不在于吃荤吃素，主要在于热量的摄入。很多吃素的人也会发胖，这是因为一些素食，尤其是炒菜里面即使没有肉，热量也很高，如表 4-16 所示。

表 4-16　100 克素菜与荤菜的热量对比

素菜	热量 / 千卡	荤菜	热量 / 千卡
拌腐竹	322	红烧鸡翅	192
松仁玉米	256	清炖牛肉	162
醋熘素鸡	196	辣子鸡丁	153
千叶豆腐	152	孜然羊肉	147
干锅土豆片	134	醋熘木须肉	143
麻婆豆腐	126	洋葱炒牛肉	102

选菜的时候，不一定要吃没肉的，有肉的菜热量不一定就很高。平时在家做饭的人，会很容易辨别出哪些素菜在烹饪过程中，需要放多一

些油和糖。不会做饭的人通常不知道一道菜上桌前都经历了什么。判断一道菜热量如何的简单方法就是看食材。像蒜蓉莜麦菜这样制作和食材均比较简单的素菜热量不会高。像松仁玉米这样的炒菜，即使不放肉，食材本身的淀粉和脂肪含量就高，热量也高。

麻辣烫的食材是可以自由选择的，以此为例，说明一下食材选择的技巧。半荤半素的麻辣烫，每100克大约能释放136千卡的热量。素多荤少的麻辣烫，每100克大约能释放100千卡的热量。按照我的习惯，麻辣烫食材我会选娃娃菜、西蓝花、莲藕、魔芋、笋、豆腐各一份，不知道这些大家够吃吗？我建议鱼丸类尽量不要或者要一两颗就可以了，因为加工过的鱼丸没有太多营养价值。粉丝、宽粉每100克能释放120千卡的热量，建议尽量少吃。

如果麻辣烫的油大，可以旁边放一碗清水，涮一下再吃。最后，麻酱的热量很高（100克麻酱能释放热量约630千卡），建议少放或不放。

2. 看烹饪方式

不同的烹饪方式会对食物本身的营养素产生影响，同时也会影响食材热量的高低。同样是胡萝卜，生吃、炒、炖、红烧……不同的烹饪方式，最终吃进去的胡萝卜的热量也是不一样的。通常在不添加太多调料的情况下，热量从低到高的排序是：拌＜蒸＜煮＜炒＜卤＜熘＜煎＜炸＜烤。

因此，在看到菜单上写着"红烧""干锅""熘"等字样时，通常意味着高热量，小心别超标了。

3. 看调料

有一些汤，如酸辣汤需要加一些淀粉进行勾芡，以此让汤变得黏稠。在某单位食堂里，我看紫菜蛋花汤也黏黏糊糊的，应该也是加了不少淀粉，如果大家喝这样的一碗汤，其实热量还是挺高的，不如改喝一碗小米粥。

4. 看吃饭顺序

汤、主食、炒菜、肉，哪个先吃，哪个后吃会影响减肥效果吗？

吃饭顺序对体重的影响不是绝对的，但对消化道的健康还是有一定影响的。比如，我们习惯饭后喝汤，因为大家感觉吃了很多饭菜口干口渴，正好喝汤解渴。但饭后喝汤会冲淡胃酸，不利于食物的进一步分解。正确的饮食顺序：先喝汤，再吃蔬菜、吃鱼、虾、肉，最后吃主食。

三、晚餐

食堂的晚餐，也有炒菜、米饭、拉面、粥等。建议晚餐吃点素菜，喝1碗粥。对于拉面，建议少吃或不吃。虽然1碗拉面有主食、肉和菜，但青菜就几根，大多数是面条。吃1碗拉面，虽然解饱但营养不均衡，热量也比较高。100克的拉面大约可以释放141千卡，1小碗拉面（不含汤）差不多350克，热量差不多494千卡；1大碗拉面（不含汤）差不多有550克，热量差不多776千卡。因此，无论怎么吃面条，热量都比较高。

四、运动

在学校，不要总拿学习任务重作为不运动的理由，操场那么大，每天跑几圈，不仅有利于减肥，还能促进血液循环，有利于脑力活动，学习的时候思维更加敏捷。经常运动运动，让你的肌肉更有活力，也让你的校园生活丰富多彩。

在食堂吃饭，可控的也许只有自己的选择，希望大家能够在美食诱惑下做到自律。

一边减肥一边抗衰老

　　人的皮肤不仅是个人形象的外在表现，它还反映人体内部的健康状况。

　　人从出生开始，可以说是一边在成长，皮肤一边在老化。皮肤衰老到一定程度就会发生肉眼可见的变化，更可怕的是在还没到衰老年纪的时候却过早地出现衰老的表现。有些朋友问这是不是未老先衰？这个词儿听着很刺耳，但是现实生活中，这种情况还是很常见的。根据一些观察和研究发现，很多人在 30 岁之后皮肤就出现一些不太好的变化，如色斑、老年斑、皱纹增多。这不仅是美丑的问题，还可能反映了人体的健康状况。

　　面对皮肤变差，很多人会选择用化妆品来改善。化妆品确实是现代社会人们生活必需品，适当地使用，科学地使用，无可厚非。但是，我在这里必须提醒大家，除了化妆品之外，真正安全可靠并且有效、持久的保养，要靠内在的调节，合理的营养，合理的运动，良好的生活方式。这才是最根本的防衰老，是保护皮肤的终极方法。

　　衰老是每个人都不可避免的，但是呢，我们同样也得知道人体内一直存在着抗氧化的生力军。我们只要通过合理的饮食和运动，使得这种抗氧化的力量得以更持久地维持，变得更加强大，它就可以对抗岁月。

　　抗氧化的生力军有两个主力，一个是维生素 C，一个是维生素 E，这两者往往配合起来作战。皮肤出现老化（皱纹、色斑等），往往就是因为维生素 C 和维生素 E 在体内缺乏或者不平衡了。这时，我们就需要合理补充了。

　　一提到补充维持维生素 C 和维生素 E 水平，很多人首先想到的是维生素类保健品。吃这些补充剂不是不行，但它们不是补充维生素的根本。补充这两种维生素的根本是食物。如果离开食物，单纯去补这两种维生素，效果并不好，甚至还有可能造成其他的麻烦，如过量补充维生素 E 就有可能增加出血风险。而通过食物补充维生素是很安全的，因为人对食物的摄取是有限的，是可以自控的。

维生素 C 的重要来源是新鲜的蔬菜和水果，大家必须明确两点。

蔬果要吃新鲜的。越新鲜的蔬菜和水果所含的维生素 C 水平越高。如果水果放置时间过久，不管是常温还是冷藏，随着储存时间延长，维生素 C 会逐渐衰减。如果水果或者蔬菜在冷藏的情况下储存 1 个星期，它原来含有的维生素 C 的量可以衰减 80% 以上，因此，即使吃了很多菜，补充效果也不好。

一定要吃足够的量。食物营养首先要讲量，符合国家提出的每天摄入蔬菜和水果的一个推荐：蔬菜每天争取吃到生重 500 克以上；水果吃到 300 克左右。蔬菜相当于吃两大盘，中午一盘，晚上一盘。300 克的水果相当于每天吃 1～2 个中等大小的苹果，这是一个合理的摄入水平。可惜的是，我们现在很多人连这个水平的一半儿都不到。所以希望大家一定要养成每顿饭都吃蔬菜、每天都吃一个水果的良好饮食习惯。

补充维生素 E 主要是靠适量的植物油和坚果。维护皮肤健康不能离开植物油，当然，多了也不行，但不吃油是绝对不行的。如果不吃油的话，我们不仅缺维生素 E 而且会造成必需脂肪酸的不足，从而造成皮肤干燥，加重粗糙程度和一些斑块的变化。那么，每天吃的植物油要多大量合适呢？按照目前的推荐标准，大家每天吃 25～30 克食用油是适宜的。太多的油或者吃高温油炸的食物会产生比较多的氧自由基，氧自由基会加重皮肤的衰老。所以在烹调方法上，大家应尽量快速地热炒，不要油炸。另外，推荐大家每天吃一小把坚果类食物，如花生、瓜子、核桃、开心果。

对于皮肤抗氧化，除了维生素 C 和维生素 E，B 族维生素等也有一定的抗衰老，保护皮肤的作用。在此提醒一下广大男性朋友，一提到皮肤美容，不要以为这只是女性的事情。其实，男性的皮肤护理应该比女性还讲究，男性除了注意维生素的补充，还要注意避免过多地饮酒，要坚决地禁烟，防止大量吃肥腻的肉、动物内脏、鸡皮、鸭皮等富含饱和脂肪、胆固醇的食物。吸烟会破坏体内的维生素 C，一根烟吸完，当天摄入的所有食物里的维生素 C 可能都白费了；大量饮酒可以消耗体内的 B 族维生素；大量的吃肉会造成氧化反应加速等。这些都是很多男性朋友经常忽略的问题。提醒大家，补充营养，除了合理摄入食物外，还要改变不良的饮食习惯和生活习惯，以防造成营养素浪费和流失。

从摄入和防护两个方面入手，抗氧化就能达到一个理想的水平，从而维持一个良好的皮肤状态和健康的容貌，总体的健康指数也会进一步提升。

"小胖墩"如何茁壮地瘦

现在的小朋友面对的饮食诱惑太多了，互联网时代似乎已经没有了"特产"的地域性界限，世界各地的美食都能足不出户就吃到。很多爷爷奶奶看见孩子吃得多、长得胖都非常骄傲，认为"能吃是福！"，而且认为肥头大耳是有福之相。让我说，这可不见得。

不加节制地吃，相伴而来的就是肥胖。肥胖给孩子带来的是什么？是疾病！首先，肥胖影响代谢，可以诱发糖尿病，糖尿病可是终身疾病，每天吃药，哪里是福？其次，肥胖还会影响睡眠，出现阻塞性睡眠呼吸暂停综合征，这个疾病不但会影响孩子口腔的发育，还会因为晚上睡眠质量差，让白天的学习效率降低。而治疗这个疾病最重要的一点就是减肥。还有，肥胖的女孩和男孩都容易造成激素分泌的异常，会给成人后的生育带来不小的影响。当然，肥胖的危害不只这几点，还有很多。所以说，"能吃是福"但不能吃胖，小时候长得胖是可爱，长大后还胖就该发愁了。

根据国家统计局和国家卫生健康委员会的数据显示，中国人的超重率和肥胖率均不断上升。1992—2015年，超重率从13%上升到30%，肥胖率从3%上升到12%。同时中国儿童和青少年的肥胖率也在快速增加，2002—2015年，儿童和青少年超重率从4.5%上升到9.6%，肥胖率从2.1%上升到6.4%。目前儿童肥胖，已经成了社会日益严重的健康问题。据调查，肥胖儿童在所有儿童中，东北地区最高，占13.2%；华东地区占12.2%；中南地区占10.2%。不知道你家孩子是不是其中一员呢？

一、儿童体重标准

怎么看孩子是不是超重呢？可以参考一下 2018 年的《儿童身高体重标准表》，1～12 岁男孩身高体重标准如表 4-17 所示，1～12 岁女孩身高体重标准如表 4-18 所示。

表 4-17　1～12 岁男孩身高体重标准

年龄	身高/厘米				体重/千克			
	矮小	偏矮	标准	超高	偏瘦	标准	超重	肥胖
1 岁	71.2	73.8	76.5	79.3	9.00	10.05	11.23	12.54
2 岁	81.6	85.1	88.5	92.1	11.24	12.54	14.01	15.67
3 岁	89.3	93.0	96.8	100.7	13.13	14.65	16.39	18.37
4 岁	96.3	100.2	104.1	108.2	14.88	16.64	18.67	21.01
5 岁	102.8	107.0	111.3	115.7	16.87	18.98	21.46	24.38
6 岁	108.6	113.1	117.7	122.4	18.71	21.26	24.32	28.03
7 岁	114.0	119.0	124.0	129.1	20.83	24.06	28.05	33.08
8 岁	119.3	124.6	130.0	135.5	23.23	27.33	32.57	39.41
9 岁	123.9	129.6	135.4	141.2	25.50	30.46	36.92	45.52
10 岁	127.9	134.0	140.2	146.4	27.93	33.74	41.31	51.38
11 岁	132.1	138.7	145.3	152.1	30.95	37.69	46.33	57.58
12 岁	137.2	144.6	151.9	159.4	34.67	42.49	52.31	64.68

表 4-18　1～12 岁女孩身高体重标准

年龄	身高/厘米				体重/千克			
	矮小	偏矮	标准	超高	偏瘦	标准	超重	肥胖
1 岁	69.7	72.3	75	77.7	8.45	9.4	10.48	11.73
2 岁	80.5	83.8	87.2	90.7	10.70	11.92	13.31	14.92
3 岁	88.2	91.8	95.6	99.4	12.65	14.13	15.83	17.81
4 岁	95.4	99.2	103.1	107.0	14.44	16.17	18.19	20.54

续表

年龄	身高 / 厘米				体重 / 千克			
	矮小	偏矮	标准	超高	偏瘦	标准	超重	肥胖
5 岁	101.8	106.0	110.2	114.5	16.20	18.26	20.66	23.50
6 岁	107.6	112.0	116.6	121.2	17.94	20.37	23.27	26.74
7 岁	112.7	117.6	122.5	127.6	19.74	22.64	26.16	30.45
8 岁	117.9	123.1	128.5	133.9	21.75	25.25	29.56	34.94
9 岁	122.6	128.3	134.1	139.9	23.96	28.19	33.51	40.32
10 岁	127.6	133.8	140.1	146.4	26.60	31.76	38.41	47.15
11 岁	133.4	140.0	146.6	153.3	29.99	36.10	44.09	54.78
12 岁	139.5	145.9	152.4	158.8	34.04	40.77	49.54	61.22

　　判断儿童体重情况，还可以参考《学龄儿童青少年超重与肥胖筛查》（WS / T 586—2018），如表 4-19 所示。

表 4-19　6 ~ 18 岁儿童、青少年不同性别、年龄超重与肥胖的 BMI 筛查界值（单位：kg/m^2）

年龄 / 岁	男生		女生	
	超重	肥胖	超重	肥胖
6.0 ~	16.4	17.7	16.2	17.5
6.5 ~	16.7	18.1	16.5	18.0
7.0 ~	17.0	18.7	16.8	18.5
7.5 ~	17.4	19.2	17.2	19.0
8.0 ~	17.8	19.7	17.6	19.4
8.5 ~	18.1	20.3	18.1	19.9
9.0 ~	18.5	20.8	18.5	20.4
9.5 ~	18.9	21.4	19.0	21.0
10.0 ~	19.2	21.9	19.5	21.5
10.5 ~	19.6	22.5	20.0	22.1

续表

年龄 / 岁	男生		女生	
	超重	肥胖	超重	肥胖
11.0 ~	19.9	23.0	20.5	22.7
11.5 ~	20.3	23.6	21.1	23.3
12.0 ~	20.7	24.1	21.5	23.9
12.5 ~	21.0	24.7	21.9	24.5
13.0 ~	21.4	25.2	22.2	25.0
13.5 ~	21.9	25.7	22.6	25.6
14.0 ~	22.3	26.1	22.8	25.9
14.5 ~	22.6	26.4	23.0	26.3
15.0 ~	22.9	26.6	23.2	26.6
15.5 ~	23.1	26.9	23.4	26.9
16.0 ~	23.3	27.1	23.6	27.1
16.5 ~	23.5	27.4	23.7	27.4
17.0 ~	23.7	27.6	23.8	27.6
17.5 ~	23.8	27.8	23.9	27.8
18.0 ~	24.0	28.0	24.0	28.0

儿童与成人判断肥胖的标准不同，大家在评估孩子是否肥胖时，一定不要用成人的 BMI 标准去衡量。

二、儿童的减肥饮食

有些家长说："孩子吃得多，长大个儿。"吃得多确实有利于骨骼生长，但不一定对其他方面的健康发育有益。比如，长期把碳酸饮料当水喝，经常吃薯片、巧克力，吃肉没节制等，会让女孩在 7 岁左右就出现月经初潮，男孩引发超重和乳房发育等现象。因此，给小胖墩减肥势在必行。

下面跟家长们说说如何在保证孩子正常生长发育，不影响其在校生活和日常生活的基础上合理控制饮食和如何选择食物。

（1）肥胖症儿童每日热量，通常是每天 1600～1700 千卡，蛋白质占 18%～19%，脂肪占 20%～25%，碳水化合物占 55%～60%。

（2）营养素供给必须考虑儿童的基本营养及生长发育需要。限热能膳食以降低脂肪量为主，其次为碳水化合物。由于蛋白质对于孩子神经系统的发育及身体的成长都是必不可少的，所以不能减少蛋白质的量，甚至供给要稍高些，每日一般不低于 1.5～2 g / kg 体重。

（3）保证维生素及矿物质供应。膳食的供给可多采用含热量低而蛋白质、无机盐及各种维生素丰富的食品，如瘦肉类、牛奶、鸡蛋、鱼、蔬菜、水果等。

（4）体重不能减轻过快，当体重达到超出正常体重的 10% 左右时，即可不必进行太严格的饮食控制。

（5）设法满足孩子的食欲，不致发生饥饿感，故应选择热量少而体积大的食物，如芹菜、笋、萝卜等。

（6）足量饮水。很多孩子不喜欢喝水，这使他们只有通过摄入食物才能达到饱腹的感觉。建议 6～10 岁儿童每天饮 800～1000 毫升水，11～17 岁青少年每天饮 1100～1400 毫升水。通过饮水达到饱腹感，可以减少孩子对食物的欲望，有效减少热量的摄入。

为了便于儿童进行饮食控制，可形象地用红、黄、绿 3 种颜色食物作为控制的信号，就像路口的红绿灯一样，将食物分为红灯食品、黄灯食品和绿灯食品 3 种。

红灯食品　如奶油蛋糕、糖果、冰淇淋及所有的油炸、油煎食品，这些都是危险性食物，每周不能超过 3 次，每次量也不宜过量。

黄灯食品　如瘦肉类、蛋类、奶制品及主食类食物（米饭、馒头、饼等），可以适量食用，但是不能过多，以每日不超过 200 克为宜。

绿灯食品　如各种水果、蔬菜，可以大量食用，但要注意炒菜要少放油。每日进食 500 克蔬菜和 2 个水果应成为肥胖儿饮食的重要构成。

可以将红灯食品放在红色餐盘内，黄灯食品放在黄色餐盘内，绿灯食品放在绿色的餐盘内，这样进行分类不仅可以提高孩子们对食物的兴趣，还有助于他们更好地执行食物分类。

三、给减肥餐的增色

高脂食物对孩子好像有一种天生的诱惑力，很多孩子喜欢吃油炸的食物，如炸鸡腿、炸鸡翅、煎鳕鱼饼。

鳕鱼富含优质蛋白和不饱和脂肪酸，孩子吃了有益于发育。但不同做法的鳕鱼，营养大不同。炸鳕鱼，尤其是炸面包屑鳕鱼深受孩子们的喜爱。但经过油炸后的鳕鱼吸收了大量的油脂，不仅热量高，还存在反式脂肪酸，不利于健康。

因此，在给孩子吃减肥餐时，大家也可以在食物造型上下功夫，将健康食物用磨具摆出一些造型，让他们对餐桌上的饭菜产生好感，用健康食物填饱了肚子，对油炸食物的兴趣也会慢慢下降。

家长们还可以在菜的色泽上进行丰富，比如，同样是鱼肉，做一道番茄鱼片汤，红红火火的样子则会勾起孩子的兴趣。

在饭量的控制上，家长直接告诉孩子减肥，孩子大多会有逆反心理，尤其是青春期的孩子。最好的办法是家长帮他们换一个碗底比较浅的碗，并采取少量多次盛饭的策略。这样做，总热量会减少。因为碗中的米饭少，孩子就会多夹菜，以满足视觉上的"满"。无形中，家长就给他们减少了碳水化合物的摄入，让蔬菜和高蛋白的食物给予大脑饱腹感，但一餐的总热量却比以前减少了。

四、儿童肥胖的预防

1. 孕早期和孕期预防

预防儿童肥胖，要从妈妈做起，最好从孕早期开始进行宝宝肥胖的预防。方法是孕期要保证营养和进食的均衡，防止大吃大喝，适宜的热量供给是避免孕妇和胎儿日后产生肥胖的重要前提。建议在孕期前3个月避免营养摄入不足，孕期后三个月避免营养过度和增重过速。不要把高热、高脂的食物当成"补品"，对于孕妇，多摄入优质蛋白质、维生素、微量元素、矿物质比脂肪更为有益。

2. 婴幼儿期预防

婴儿时期主要以母乳喂养为主，到了该喂辅食的时候要及时过渡。如果孩子喝奶粉一定要按照奶粉和水的比例调配，不要擅自增加奶粉量。此外，孩子太小不会说话也不会说饿了或者吃饱了，为了保证宝宝的营养供给，家长最好按时喂养，不要孩子一哭就喂奶，无规律地喂养会让孩子从小就是个"大胃王""圆滚滚"。

3. 学龄前期预防

脂肪是一种重要的营养素，它所提供的热量为儿童生长发育所必需，如果孩子体重正常，对 2～5 岁儿童的脂肪摄入不应严格地限制，如果孩子体重已经超重或即将超重，或者有心脏病家族遗传史，则需要选择脂肪含量低的食物。5 岁儿童的食物选择应与成人一样，宜选择低脂乳制品、去皮鸡肉、鱼肉、瘦肉、谷类、蔬菜和水果。让孩子养成良好的进食习惯，不要偏食糖类、高脂、高热量食物。

给儿童减肥时，要禁止短期快速减肥，禁止饥饿治疗，禁止使用各种减肥药物，禁止手术或物理干预。因为这些方法会影响儿童正常的生长发育，既对健康有害，又无法持续。

2015 年，日本颁布《食育基本法》，将食育视为智育、德育、体育的基础，让国民从小就学习有关"食"的知识及增强选择"食"的能力。我希望我们的学校也能开设有关"食"的健康课，通过老师的授课让孩子们更容易理解和接受饮食健康知识，帮助他们形成良好的饮食习惯。

冬季，减肥不能偷懒

不少朋友，尤其是女性朋友，减肥是分季节的。比如，冬天冷、穿得多藏肉，就放松对身材的要求、放纵口腹之欲。而快到夏天了，想要穿漂亮的裙子的时候，就开始着急减肥了。

这个观念可不好。首先，冬季减肥效果更好，好处很多，会有意想不到的收获。其次，减肥需要持之以恒，不能三天打鱼、两天晒网。

一、防患于未然

首先，冬天容易让人发胖。有研究数据显示，冬季脂肪合成的速度比平时快2～4倍，脂肪分解代谢的速度比平时低10%，体重最多可能增加8%～12%。因此，冬季更容易让人发胖，也更容易发生心血管疾病。

其次，冬天最适合减肥塑形。冬天天气寒冷，身体需要保暖，在脂肪加速合成的同时，也能承受比夏天更强的锻炼。因此，有了"夏天减脂，冬天增肌"的说法。

从健康角度来说，既然冬天脂肪合成增加，此时注意减肥，更有利于减少心血管疾病的发生。

二、冬季减肥行动

1.更换食谱

冬季，对高热量食物有着本能的欲望。热腾腾的火锅、滋滋冒油的烤肉、肉香扑鼻的酸菜白肉，都让人欲罢不能。摄入的热量增多，消耗的热量减少，这可不利于减肥。建议大家改变一下冬季常规食谱，让冬季既吃得爽还能减肥。

如果大家需要味蕾上的刺激，可以吃点儿辣的，比如，一碗四川的酸辣粉，其释放的热量不高（每100克释放98千卡），吃完身上也热乎乎的，最重要的是解馋。

如果大家想吃点儿荤的，除了瘦肉、五花肉，我们还可以吃"筋"，如牛蹄筋、羊蹄筋等，其与单纯的牛肉相比，在热量上它们还是占很大优势的（表4-20）。

表4-20　100克食物的营养成分

食物	热量/千卡	碳水化合物/克	脂肪/克	蛋白质/克
清蒸牛蹄筋	169	3.3	3.3	31.8
烧羊蹄筋	186	5.5	15.7	5.9
酱牛肉	246	3.2	11.9	31.4

列举这些食物，就是想告诉大家，冬天想吃香的、辣的都可以，我们只要丰富一下食谱，替换高热量的食物即可。

2. 动起来

很多人觉得冬天太冷，懒得到户外活动。工作之余，回到家里，总是窝着不运动，长胖那真是分分钟的事情。

建议大家动起来，在室内，1根弹力带、1张瑜伽垫、1副哑铃、1平方米的空间，就可以做很多种运动；在户外，戴上帽子和手套，慢跑3公里，对很多人都是比较轻松的运动。无论室内还是户外，运动可以让你全身热血沸腾，减脂的同时还能帮助你抵御寒冷，坚持一段时间，运动会带给身体意想不到的改善。

减肥平台期攻坚

常有人跟我说，她非常努力地少吃、多动，但体重好像泰山一样，一动不动，因此还以为体重秤坏了。

这种情况到底哪里出问题了呢？我给大家分析一下。

一、从吃上找原因

有人为了减肥，一天只吃两顿饭，吃的食物比前面说的减肥饮食方案的食物量还要少，但体重岿然不动，丝毫没下降。这就要分析，这两顿饭是怎么吃的。

1. 少吃的那一顿饭是早餐、午餐还是晚餐？

正确的减肥餐分配方案一定要吃早餐，每天总热量的 50% ～ 60% 放到早餐也可以。如果不吃早餐，只吃中餐或午餐，尤其是晚餐热量达到每天总热量的 40%，通常会影响减肥效果。

2. 总热量减少了吗？

有人在餐次上减少了，但总热量并不少，因为在两餐间或临睡前吃了很多零食。这样算的话，即使餐次减少，但总热量并不少，甚至可能会超标，怎么能减肥呢？

3. 你是否少吃也少动了？

很多人觉得自己吃得少了，就可以不运动了，那就大错特错。正常饮食时要做一些运动，吃得少了依然要做运动。否则，身体的热量消耗几乎没变，同样不利于减肥。

4. 适时调整热量摄入量了吗？

当减肥出现成效，体重开始降低时，身体日常所需的热量也会变少。因此，你坚持减肥初期的热量摄入标准，就不再具有消耗热量的作用了。

5. 低估了饮食热量，高估了运动所消耗的热量

很多人低估了外卖的热量。外卖食品中油、盐的含量都很高。而在运动时，大家又高估了自己的热量消耗，比如，跑了 3 千米，觉得一定消耗了很多热量，实则消耗热量不到 200 千卡。跑步的速度、地面状态、气温等也会影响热量的消耗。同样跑 3 千米，不同环境下，每个人所消耗的热量也是有差异的。还有人，健身房举铁 5 分钟，拍照半小时，刚刚流汗，就开始拍照，这样断断续续的运动，往往让人高估了热量的消耗。

二、进入减肥平台期

如果在饮食上没有什么漏洞，那么，在持续努力减肥过程中，体重和腰围、臂围、臀围等围度已经超过 2 周没有任何变化，那很可能到了减肥的平台期。当然，下面两种情况不属于减肥平台期。

——因为松懈，没有坚持好减肥计划，这时，只要重新坚持减肥，就可以让体重持续下降；

——体重停止下降未超过 1 周。

平台期被称为减肥的"拦路虎"，通常出现在减肥后的一两个月，也有人一开始就减不动。出现平台期的主要原因是身体对一段时间内的饮食热量、运动量产生了适应现象。如果用热力学第一定律——能量守恒定律（不同形式的能量在传递与转换过程中守恒的定律）来解释的话，"平台"就是一种平衡。简单说就是摄入热量与身体日常消耗再次匹配，身体对之前的饮食摄入和训练产生了生理上的适应。就像你开始跑步，跑 400 米就开始出汗，跑了几次后，再跑 400 米就不出汗了。

在减肥的过程中使用太激进的减肥方法，比如，过度节食，突然大量运动，或者一日三餐总是无变化，会加速减肥平台期的到来。人的身体是非常智能的，经过漫长的进化，人类的身体总是能够根据不同情况调整到最低的热量消耗模式。就像现在用的笔记本电脑或者手机，它们会自动调到省电模式，达到热量摄入和消耗平衡，以避免热量被消耗完。

每个人在减肥过程中几乎都会出现平台期，只是来的时间快慢和持续时间长短不同而已，有的人只有几周，有的人会长达几个月。很多人就是在这时放弃了减肥，没有将减肥成果维持住，导致了反弹。可以肯定的是，只要坚持正确的减肥方式，平台期总是会被突破的，体重依然会继续下降。

三、突破平台期的策略

在减肥过程中遇到平台期时，大家要记住：体重在平台期不反弹，就是进步！

要想突破平台期，主要从两个方面入手，一是调整饮食，在减少热量的基础上增加蛋白质的摄入比例；二是改变运动习惯，增加热量消耗。

1. 调整饮食

回顾一下自己每天所摄入的食物种类，是纯天然的还是深加工的？是外卖食品还是自制食品？如果吃的是经过加工的食物，建议更换为纯天然的食物，比如，以前吃的是速冻饺子，现在换成自己包饺子吃；以前吃在面包店购买的面包，现在吃自制面包或改为杂粮饼。如果平日吃外卖比较多，那现在就改为"自带盒饭"，吃自己做的饭菜；以前吃炒菜、炖菜比较多，那现在要尽量吃能生吃的蔬菜。生的蔬菜与烹饪后的蔬菜在热量和其他营养成分上的区别如表4-21所示。调整饮食，主要是避免摄入深加工食物生产过程中产生的不利于健康的物质，以及减少因用油、糖等调味品而增加的热量。

表 4-21　生的蔬菜与烹饪后的蔬菜营养对比

食物	热量 / 千卡	碳水化合物 / 克	脂肪 / 克	蛋白质 / 克	膳食纤维 / 克
生菜	16	2.1	0.4	1.4	0.6
蚝油炒生菜	33.9	4.5	1.3	1.3	0.6
黄瓜	16	2.9	0.2	0.8	0.5
素炒黄瓜	40.4	2.8	3.0	0.8	0.5
彩椒	26	6.4	0.2	1.3	3.3
清炒彩椒	43	3.0	2.9	1.3	3.2

2. 重新评估热量需求

随着体重的减轻，我们的热量需求也会相应地减少。因此，每减少0.5 千克，每天摄入的热量就要减少 10 千卡。比如，从 75 千克减到 70千克，每天的热量摄入需要在原基础上减少 100 千卡。100 千卡差不多是 90 克的米饭、50 克的馒头、1 根大香蕉。

3. 增加饮水量

膳食指南要求每天要喝 1500 ~ 1700 毫升的水，但有一些人做不到，总喜欢用牛奶、粥、汤中的水分代替饮用水。而且大部分人口不渴的时候想不起来喝水。其实，水具有抑制食欲的作用。每餐餐前半个小时喝水 500 毫升，比不喝水的时候会吃得更少。如果平台期前，每天的饮水量是 4 杯水，那在平台期可增加到 5 ~ 6 杯水。

4. 重新调整训练计划

如果你一直在坚持有氧运动，比如，每天慢跑半小时，遇到平台期时，慢跑时间可以延长到 40 分钟，或者将有氧运动改为无氧运动，运动强度和运动量提高之后，消耗的热量也会增加。

体重反弹，成功的终极障碍

　　国外的一档《快速减肥王》节目中，第八季减肥冠军减肥前的体重是 193.5 千克，经过 7 个月的时间，一共减掉了 107 千克。但是最后，才 1 年多的时间，曾经减掉的体重全部回来了。与她一起减肥的许多"战友"，也遇到了同样的情况。身体好像有吸铁石一样，将减掉的脂肪又慢慢给吸回来了。

　　我们常说"打江山容易，守江山难"。减肥则是减肥容易，守住效果难。减肥过程就如《西游记》中的取经之路，要禁得住美食的诱惑、扛得住三分饿，还要洒得了汗水……

　　努力过后，短暂享受了身体的轻盈和外形的"蜕变"，为何会频频反弹呢？不得不说，体重反弹是减肥成功的终极障碍。

　　根据调查显示，减掉原有体重 10% 以后，能够保持 1 年的人只有 20% 左右，能够保持 5 年体重不反弹的接近 0！看到这样的数据，你是否对减肥失去了信心？

　　分析这些体重反弹的案例，它们总有一些共性特征。如果我们提前避免，反弹发生的概率就会下降很多或者不发生。

一、减得快，反弹也快

　　文前提到的减肥冠军，7 个月减掉了 107 千克，相当于每月减掉约 15 千克。我们减肥的理想状态是每月最多减 2 千克。即使她的体重基数大，减肥速度比普通人要快，但 1 个月完成了别人 7 个月的任务，确实也太快了。对于身体来说，相当于遇到了"大饥荒"。

　　人类遗传学家 James V. Neel 认为现今人类的肥胖症、糖尿病和高血压等代谢疾病的基因是源于"节约基因"。人类在生理系统上，为了适应远古环境食物匮乏和食物充足的改变而筛选出的这个基因，可以让远古人类在短暂的食物富足时期快速增肥，以应对随时到来的食物缺乏时期。这类基因在古代环境下有很大的优越性，但并不适合如今食物富足的社会。

在食物充足时，"节约基因"大量储存热量，在减肥营造的"饥荒"环境下，身体会消耗储存的热量。一旦恢复到营养充足的状态，"节约基因"立刻发挥特长，快速存储热量，以备不时之需。

大家为了减肥，选择节食、吃减肥药、运动时，一定要考虑一下，减肥成功之后，你是否还能保持这样的饮食和运动习惯。无论是少吃还是多动，其给身体营造的"饥荒"状态会调动"节约基因"的积极性。一旦停止这样的生活状态，身体摄入稍微多一些热量，脂肪就会快速合成，体重也会迅速增长。

二、"佛系"减肥法

不反弹的减肥方法，就是你能长久坚持的生活状态，包括饮食和运动。什么都可以吃，什么都不多吃，每月减重 1～2 斤就很好，不要追求快速减肥，一切慢慢来。让自己爱上运动，让运动融入生活，这样保持下去，体重肯定会降，而且不会反弹。

如果你之前每天摄入的热量是 2000 千卡，没有额外的运动，那现在你摄入 1900 千卡，减少 100 千卡，虽然看着不多，但你若能每天坚持，那也是走在减肥路上了。

如果一日三餐摄入热量不变，但你找到了一个比较喜欢的运动，每周活动几次，坚持下去，你也会成功地慢慢瘦下来。

有很多减肥成功的明星，他们在中学时都是小胖墩，经过自己的努力，从"小胖墩"变成"小鲜肉"，而且保持了很多年。他们的减肥经历也鼓励着很多人，可以成功减肥不反弹。

体重反弹不是减肥的必然结果，"速成"才是反弹的主要原因。

三、改变运动策略

单纯做有氧运动——步行、慢跑、游泳、广场舞等，减少的重量中既有脂肪也有肌肉。一旦停止运动，消耗的脂肪会再次合成，但流失的肌肉不会再回来。这种情况下体重容易出现反弹。做无氧运动，如深蹲、俯卧撑、引体向上等抗阻力训练，会增加肌肉含量和饱满度，一旦停止运动，肌肉会保持比较长的时间。体内热量摄入增多时，身体多了耗能组织——肌肉，即使体重反弹，相比有氧运动，也会比较缓慢。所以有氧运动与无氧运动相结合更有利于减肥和减少体重反弹。

有些运动要到健身房进行器械训练，并不是所有人都能长期坚持。通常不用到健身房就能做的运动更容易让我们坚持下去。为了更好地保持健康体重和好身材，可以买些居家小器材，如，阻力带、拉力器、哑铃、瑜伽垫、固定自行车或跑步机等，非常方便随时在家锻炼。即使没有运动器械，自重锻炼也可以达到一定的健身效果。

跑步机适合减肥吗？

事实上，超重的人不适宜长时间跑步，如果跑步的方式方法不正确，容易给膝关节造成较大的负重，会出现膝关节疼痛，甚至是半月板及软组织损伤。对于肥胖的朋友来说，同样的减肥效果，骑单车更容易坚持下去。

但如果你的体重不太重，又喜欢跑步，也可以买一台跑步机，采取间歇运动方式：1分钟一组，30秒慢速跑+30秒加速跑，反复这样的运动。

其实，跑步膝痛主要是由于不合理的跑量、较高的体重、错误的跑步方法等原因造成的，但究其原因，还是来自于跑步时，地面对关节的反作用力。可以尝试其他运动，例如，椭圆机，它可以减少地面反作用力对关节的冲击。水中运动也可以避免关节承受过多体重，所以，蛙泳、自由泳等也是很好的选择。

第五章

增肌，瘦出曲线美

减脂增肌，健康减肥

人体的体重由骨骼、骨骼肌、内脏、水和脂肪组织等构成。人体的肌肉有 600 余块，绝大多数附着于骨骼上，在神经系统的支配下收缩，从而引起人体的各种随意运动。

一、肌肉与肥胖的关系

对于体重，基于 BMI 的标准，人们普遍关注两个方面：一方面是超重和肥胖；另一方面是消瘦。但 BMI 指标也有其局限性，有些人 BMI 超标，但并不肥胖，因为肌肉含量高，如运动员、健身人群等，专业训练会导致他们的肌肉含量相对偏高。还有一部分人 BMI 偏低，但并不瘦，因为体内肌肉含量不足，脂肪含量超标，如看着不胖，但长期不运动的女性，单纯通过节食减肥瘦下来的人群等。因此，肥胖或消瘦，不能只看体重或外表，关键要看体脂率，也就是肌肉的含量。

二、判断自己的身体状况

你是否存在以下情况：

——你的 BMI 是否消瘦？

——你是否经常全身乏力、提东西时手劲不足？

——你是否存在行动缓慢、上坡腿没劲、身体不协调、容易摔倒？

如果以上情况经常发生，一定要警惕肌肉衰减症！

肌肉衰减症就是指随着年龄增长出现肌肉总量减少，肌力下降的情况。肌肉流失是每个人都无法避免的，就像我们的脱发、掉牙和皮肤松弛一样，是一种退行性的变化。衰减意味着数量减少，且功能衰退或者丧失。

三、肌肉衰减症与哪些因素相关?

1. 年龄

肌肉随着年龄的增长而不断变化。它可分为快速增长、相对稳定和明显下降三个阶段。男子因激素的关系，相比女性肌肉增长更快，女性肌肉在 20 岁左右达到最高值，男性在 25 岁时可达到最高值，以后会逐年缓慢下降。

从 30 岁开始，随着年龄的增长，肌肉总数量开始减少，大约平均每年减少 1% ～ 3%；50 岁以后不仅肌肉含量会持续减少，肌肉力量也开始降低；60 岁以后肌肉流失速度加快，到 80 岁以后流失量约 30%，最多可以达到 50% 以上。

随着年龄的增长，肌肉流失、皮肤松弛的情况的确会发生。我们一定要居安思危马上开始肌肉管理。对于肥胖的人群来说，脂肪过多，肌肉减少，就意味着身体提前进入了老龄化。

2. 营养状况

肌肉的原材料是蛋白质，蛋白质在体内分解的同时也在不断合成，以维持平衡。过度节食者和营养不良的人群，通常饮食中的鱼、禽、蛋、瘦肉的食用量不足，无法满足自身蛋白质合成的需要，出现肌肉萎缩的情况。

3. 体育锻炼

很多患者因为疾病原因需要长时间卧床，他们的肌肉会出现逐渐萎缩的现象，这就是肌肉"失用性萎缩"的表现，也就是说肌肉不活动，肌肉细胞处于"睡眠"状态，它就会慢慢萎缩。常年不进行体力劳动和运动的人群，虽然肌肉不会出现"失用性萎缩"的情况，但肌肉含量也会逐年流失。而那些经常处于运动状态的人，如运动员、搬运工、建筑工人等，他们的肌肉经常处于紧张状态，所以，他们的身体就会比较强壮，肌肉比较发达。因此，经常保持运动或体力活动，会让肌肉更饱满。身体锻炼也要遵循全面性原则，我们在日常工作中或体育锻炼时经常运用的肌肉会得到很好的锻炼，但用不到的肌肉群则无法得到锻炼。如经常骑自行车的人群，下肢肌肉发达，但上肢肌肉不会得到很好的锻炼；只进行单一俯卧撑训练的人群，上肢肌肉发达，但下肢肌肉同样可能出现退化。所以锻炼要把握全面性原则，应包含有氧运动、抗阻力锻炼和伸展练习。

四、肌肉衰减症与健康长寿密切相关

有数据报道：

——肌肉减少 10%，免疫功能降低，感染风险增加；

——肌肉减少 20%，肌肉无力、日常生活能力下降、跌倒风险增加、伤口愈合延迟；

——肌肉减少 30%，肌肉功能进一步严重下降，可致残，患者不能独立坐起，容易发生压疮；

——肌肉减少 40%，死亡风险明显增加，如死于肺炎。

肌肉被誉为"第二心脏"，它强有力的收缩和弛张有利于血管输送血液，比如，下肢肌肉发达，藏在肌肉里的血管，在肌肉的收缩作用下，可以更好地将血液输送回心脏，回心血量增加，有利于心脏泵血，建立良好的血液循环。如果肌肉不发达，收缩无力，那么对血管收缩作用就会减弱，给予血管的压力也会减弱，血管输送血液无力，身体各器官、组织获得营养也就相对较少，体质就会相对较弱。

肌肉中储存的肌糖原在运动时会被消耗，如果肌肉比较少，对糖的代谢就会减少，间接会增加患糖尿病的风险。

五、增肌饮食

保证充足优质蛋白的摄入，富含优质蛋白的食物一定要吃够，但也要有所节制，如过量摄入蛋白质，同样会在体内转化成脂肪被保存起来。

1. 蛋白质的摄入量

一般认为，18 ～ 49 岁成年人蛋白质摄入量为：男性 65 g/d，女性为 55 g/d。每天的蛋白质摄入的简单计算方法为 1 千克的体重需要 1 克蛋白质。体重 60 千克的人每天需要摄入 60 克蛋白质。

更直观的蛋白质摄入量记忆方式是前面提到的"4 个 2"——即 2 袋牛奶（1 袋 250 毫升）、2 个鸡蛋（约 100 克）、2 两（100 克）瘦肉（红肉 + 白肉，红肉：白肉 =1 ：1）和 2 两（100 克）豆制品。其中，优质蛋白应该达到一天所需蛋白质的 1/2 到 2/3。富含优质蛋白的食物有鱼肉、瘦肉（白肉、红肉）、鸡蛋、豆制品、牛奶等。

2. 三餐中蛋白质的分配

以 60 千克体重的人为例，蛋白质摄入分配方案建议如下，括号内为蛋白质的大概含量。

早餐：250 毫升牛奶（7.5 克）+1 个水煮蛋（6.5 克）+50 克酱牛肉（15.7 克）。

午餐：100 克鸡胸肉（19 克）。

晚餐：50 克里脊肉（12 克）。

睡前：250 毫升牛奶（7.5 克）。

很多人都是不吃或随便应付，中午简简单单，晚上合家欢聚。这种饮食方式不利于身体健康。我们希望三餐营养均衡，而且吃饭还要有仪式感，要感恩和敬畏食物。我建议，不管多忙多累，都要为自己吃饭多留点时间，个人吃饭的时间是神圣不可侵犯的。尤其要教育孩子们，把选择食物作为一辈子的求生技能，让孩子从小养成良好的饮食习惯，懂得如何选择适合自己的食物和用量。

3. 增肌不能少了脂肪

有人问："为了保证肌肉的质量和数量，一点脂肪也不吃，行不行？"

答案是：不行！

脂肪是人体不可或缺的营养素，大家提到的脂肪通常指烹调的食用油，关于吃油，我更提倡会吃油、吃好油。可以在日常饮食的脂肪中增加不饱和脂肪酸的来源，如深海鱼、坚果、茶籽油、亚麻籽油等的摄入，但要控制好食用量，每天不能超过 30 克。我建议大家每周吃 2 次深海鱼，每次吃 150～200 克。

4. 保证碳水化合物（主食）的摄入

要想保护肌肉，首先要保证三餐中碳水化合物的量。很多人对主食有偏见，怕吃了血糖升高，脂肪增多，往往主食吃的较少。碳水化合物摄入不足会导致蛋白质参与供能，造成浪费。因此，大家一定要合理饮食，每顿饭至少要有 50 克生重的主食，按 1：1 比例粗细搭配。

六、长时间的有氧运动

肌肉遵循"用进废退"原则，成年后不刺激它，它就不会生长。因此，长时间不运动、久坐久卧会出现肌肉流失、萎缩、功能退化，这也是年轻人肌肉不足的主要原因。在合理营养的基础上，要适当运动，有氧运动和抗阻力训练结合进行，才能增长和保持肌肉含量。

怎么运动呢？

"慢跑必须超过半小时才能燃烧脂肪"——很多人都听过这样的话。为什么要"超过半小时"呢？实际上，糖和脂肪同时供能并贯穿于整个有氧运动过程中，但在运动的初期糖类的供能比例较大，如果运动持续时间超过 30 分钟，脂肪的供能（燃烧）将大大提高。

此外，长期保持有氧运动的习惯，肌肉会产生适应性改变，使得肌肉在锻炼时更多地利用脂肪作为底物，加快脂肪的燃烧速度。

而高强度训练之后，也就是在运动恢复期，即使是在安静状态下，身体的代谢率也会比不运动时增高，脂肪供能比例也会变大，能促进脂肪的消耗。这是因为在大负荷的抗阻力训练过程中，肌肉会产生乳酸、肌糖原被耗竭等。而在恢复期的清除乳酸、合成肌糖原等一系列的"代偿"反应需要大量热量的供应，而这些热量主要由脂肪提供。

保持标准体重，呵护身体健康从维护良好的肌肉含量开始。一个人能不能健康长寿，生命是否有质量的一个重要前提是体内肌肉的含量，含量越高功能越好，生活质量越有保障。体重保持在正常范围内，拥有"穿衣显瘦、脱衣有肉"的身材，不但更有魅力，而且更利于健康，有利于预防多种慢些病。但长一点肌肉非常不容易，长了以后也不容易维护，它的良性效果也不能立竿见影，所以需要我们养成一个良好的运动习惯，并长期坚持。不管你现在多大年龄，开始科学锻炼都不晚。

其实，运动不一定非要去健身房，在家或办公室，即使出差在酒店也能进行系统的锻炼。

先减脂还是先增肌？

减肥，从体重秤上看就是减体重数，但减掉的这些体重的组成比较复杂，它是由水分、脂肪和肌肉的重量组成。大家减掉的体重是否有肌肉，肌肉的比例多少，要通过仪器测量才知道。理论上认为，脂肪越多的人，在摄入热量低于消耗热量时，身体优先会燃烧脂肪来提供热量；当体脂率低于身体认可的消耗脂肪的临界点时，才会变成优先消耗肌肉提供热量。

生活中，体重基数很大的人，通过节食和暴力运动减肥后，总会感觉皮肤变松弛。这就不得不怀疑，减掉脂肪的同时，很可能肌肉流失过多或减脂速度过快。

很多人担心减肥后皮肤松弛，总会问："通过大量运动是不是就能让脂肪变成肌肉了？""理想很丰满，现实很骨感。"无论你多么努力运动，脂肪也无法变成肌肉。

一、肌肉与脂肪，组织结构完全不同

为了让大家了解肌肉组织，我给大家举个例子，大家在超市是否看过牛腱子？人体四肢的肌肉跟它类似。我们用手摸一下自己的肱三头肌（上臂后面），除了皮肤和皮下脂肪，感觉肌肉外面很光滑，这是因为它外面包裹着一层肌外膜。你再捏一捏肌肉，还能感觉肌肉上有一种纹路感。其实，那种纹路感是肌外膜下面的一条条肌束。每一条肌束外面也有一层保护膜，叫肌束膜，上面还有很多的血管，这些血管可以为肌肉活动提供葡萄糖等营养，也可以将肌肉活动产生的乳酸代谢出去。如果继续看，肌束更细微的结构，肉眼就看不清了，那里面是一根

根的肌纤维，肌纤维的组成结构是肌原纤维，这是肌肉活动的关键。因为肌原纤维由肌动蛋白和肌球蛋白组成，两者相互作用就产生了肌肉的伸缩运动。肌动蛋白和肌球蛋白活跃，肌原纤维功能就会强大，也会增粗，肌肉整体就会感觉很发达。这也是增肌的目的——使肌原纤维增粗。

脂肪细胞是包含脂肪滴的细胞，从结构上看与肌肉的组成结构相差十万八千里，所以，那些说减肥可以把脂肪变成肌肉的，是违反科学的。

对于肌肉量，大家（除运动员、健身人群）如果身高、年龄差不多，肌肉的量也差不多。而造成体型差异的主要因素是脂肪的含量和分布情况。

二、增肌与减脂的区别

增肌与减脂，两者有很明显的区别。

（1）从词语组成上，一个是"增"一个是"减"；一个是"肌"一个是"脂"，两者是有本质的区别。

（2）从实现过程上，减脂是摄入热量＜消耗热量，增肌是在能量平衡的基础上进行抗阻力锻炼。大家误认为只要多吃瘦肉就能增肌，这是不科学的。成年后如果没有合理的抗阻力运动或体力劳动，肌肉是不会因为摄入过多蛋白质而过度增长的。科学的抗阻力运动可以促使肌肉出现轻度损伤，通过食物中摄入的蛋白质进行修复，在这样重复的过程中肌肉就适度增长了。否则，吃再多的蛋白质也只会转化成脂肪，让人变胖。

（3）在饮食搭配上，减肥餐需要减少高热量食物的摄入，增加脂肪的消耗；增肌饮食要增加蛋白质的摄入，增加肌肉的合成。碳水化合物容易限制减脂效率，但它却可以提高运动表现，在增肌期极其重要；减肥餐通常先减少碳水化合物的摄入，而增肌则保持碳水化合物的合理摄入。

这么看，增肌和减肥是完全不同的两个方向，然而它们也有异曲同工之处，那就是都需要运动锻炼。增肌需要锻炼，减肥也要锻炼，虽然目的不一样，但锻炼的过程都会燃烧脂肪。增肌过程中燃烧脂肪，让皮下脂肪变薄，有利于展示肌肉线条，而且锻炼可使肌原纤维增粗，是让肌肉饱满的最佳方式。减肥过程中，除了调整饮食，运动也是必不可少的一项，因为运动是消耗热量最快、最有效的方式，而热量的提供者就是脂肪。

三、先增肌还是先减脂？

那么，问题又来了，体重超重的人是先减肥还是先增肌呢？

没有绝对意义上的兼顾，要因人而异。增肌要保证能量的摄入不能低于消耗，否则蛋白质会用来分解供能，就谈不上增肌。减脂是要能量摄入低于消耗，否则无法动用体内存储的脂肪供能而减肥。我们长体重也不可能只长肌肉不长脂肪，减肥也不可能只减脂肪不掉肌肉，只是尽可能维持合理的增减比例而已。因此，大家没有必要过度纠结。我建议不同群体区分对待，如果你是超重、肥胖人群，在减脂的过程中增加科学的锻炼，增加蛋白质的摄入量，可以避免肌肉流失过多；如果是消瘦人群，增重的时候增加能量摄入、加强抗阻力锻炼，也可以避免只长脂肪不增肌肉。

蛋白质是肌肉的原材料

蛋白质是生命的物质基础，没有蛋白质就没有生命。我们身体里的每一个细胞和所有重要组成部分都有蛋白质的参与。蛋白质还是维护免疫力的物质基础，蛋白质充足，免疫力就有保障，能维持正常运作，保障人体的正常代谢。因此，为了健康我们要保证体内蛋白质的含量。

蛋白质占人体重量的 16% ～ 20%，比如，我的体重是 68 千克，那么，我体内的蛋白质应该是 10.8 ～ 13.6 千克。实际上呢？随着年龄的增长，合成新蛋白质的效率会降低，肌肉也会萎缩，而脂肪含量却保持不变，甚至有所增加。这就是有些人感觉肌肉看似会"变成肥肉"的原因。

一、蛋白质摄入越多肌肉越饱满？

《中国居民膳食指南（2022 版）》中蛋白质的推荐摄入量（RNIs）：轻体力活动成年男、女分别为 65 g/d 和 55 g/d。摄入太多，肌肉不能吸收的部分要么分解后再合成脂肪，要么被排出体外。很多人为了增肌，过量吃鸡胸肉、牛肉、鸡蛋白，喝蛋白质粉，就是一种"蛋白质浪费"。

所以，并非蛋白质吃得越多，肌肉越饱满，成年人抛开运动谈增肌都是不合理的。

有人说，增肌的人每天每千克体重应摄入蛋白质 3.1 克，这么算的话，如果我增肌，那每天就要摄入约 210.8 克的蛋白质，差不多半斤的量。按照这个算法，每克蛋白质释放 4 千卡的热量，那么光吃蛋白质的热量就是 843.2 千卡，假如我全天需要 2000 千卡的热量，那么，蛋白质就占了差不多快一半的热量了，其他食物的摄入必然会被压缩。这样吃的话，一定是不合理的！

二、每天摄入多少蛋白质？

对于肾功能正常，想减肥又想增肌的人，每天摄入多少蛋白质合适呢？

为了证实蛋白质摄入多少对人体的影响，德克萨斯大学医学院的Doug Paddon-Jones博士和他的研究小组做了一组实验，提供了一种典型的富含蛋白质90克的晚餐，还有一种晚餐的蛋白质含量是30克。实验结果表明：吃过这两种晚餐后，两组受试者体内肌肉构建和修复的过程都变得更加活跃，但是吃了90克蛋白质的人并没有比吃30克蛋白质的人表现出更多的好处。

也就是说，肾功能正常有增肌需求的人，每顿饭摄入蛋白质30克左右，这个量就可以让肌球蛋白和肌动蛋白更加活跃。每天三餐，共需蛋白质90克，相当于重体力劳动的摄入量。

三、蛋白质在三餐中的分配

很多上班族的三餐分配不均衡。早上匆匆忙忙，要么不吃，要么随便喝碗粥或者吃几个肉包子，大约摄入蛋白质10克；中午凑合叫个外卖或吃食堂，这样的饮食搭配摄入蛋白质约15克，早饭和午饭加在一起才25克蛋白质；到了晚上，一部分人回家吃饭，一家人用餐，饭菜太简单了不合适，把大鱼大肉都集中在晚餐。还有一些人，喜欢晚上约几位朋友聚会犒劳一下，火锅、烤鱼、自助大餐统统安排上。这样一来，晚饭的蛋白质有可能能达到75克（相当于450克的炖排骨，或500克烤鱼，或500克清蒸大龙虾）。这样的三餐安排，早上到晚餐前，肌肉合成所需的蛋白质原材料不够，而晚上一下又超标了，身体利用不了造成浪费不说，多余的蛋白质还会转化成脂肪存储在体内。

吃什么来保证蛋白质摄入充足呢？前文曾经建议大家在饮食上坚持

"4 个 2"原则。

4 个 2 原则的食物早中晚怎么分配呢？可以按照下面这样操作。

早餐 喝 1 袋牛奶，吃 1 个煮鸡蛋大家都可以做到，除此之外，大家不妨早上再加 1 两牛肉，这三样加在一起就能满足上午人体对蛋白质的需要了。

午餐 不要吃纯素食，午餐要保证有 100 克鸡肉或者猪、牛瘦肉，再加上其他食物中的蛋白质，就可以满足下午身体对蛋白质的需要了。

晚餐 晚餐食物应该低脂肪、高蛋白，比如，再喝一袋牛奶或者酸奶，肉类可以换成鱼肉或者海产品等。

如果是大运动量的增肌过程，每天摄入 90 克蛋白质，三餐的安排可以参考如下的搭配。

早餐（蛋白质约 30 克，总热量约 484 千卡）

1 袋（250 毫升）纯牛奶：蛋白质 7.5 克（热量：165 千卡）

1 个煮鸡蛋：蛋白质 7 克（热量：76 千卡）

100 克素馅馄饨：蛋白质 6.8 克（热量：198 千卡）

50 克煮大虾：蛋白质 8.8 克（热量：45 千卡）

午餐（蛋白质约 31 克，总热量约 402 千卡）

100 克米饭：蛋白质 2.6 克（热量：116 千卡）

50 克酱牛肉：蛋白质 15.7 克（热量：123 千卡）

1 个煮鸡蛋：蛋白质 7 克（热量：76 千卡）

100 克拌嫩豆腐：蛋白质 5.7 克（热量：87 千卡）

晚餐（蛋白质约 29 克，总热量约 283 千卡）

1 袋（250 毫升）纯牛奶：蛋白质 7.5 克（热量：165 千卡）

100 克蒸鸡肉：蛋白质 21.6 克（热量：118 千卡）

以上三餐的蛋白质总量约为 90 克，总热量约为 1169 千卡，这样的三餐搭配保证了蛋白质的补充，在此基础上，根据个人实际情况适当调整富含碳水化合物等食物的摄入量，比较适合增肌人群。当然，这种三餐的搭配也可以作为减脂期朋友的参考，而且减脂期蛋白质的足量摄入也能防止肌肉的过度流失。除了以上三餐中的食物，其他食物的蛋白质含量见表 5-1，大家可以在合理的热量范围中自由选择搭配。

表 5-1　100 克常见食品蛋白质含量表

主食	蛋白质/克	肉类	蛋白质/克	水产	蛋白质/克	蔬菜	蛋白质/克	坚果	蛋白质/克
大米粥	1.1	鸭肉	11.1	海蟹	15.1	黑木耳	0.7	腰果	4.8
豆腐脑	1.38	鸭蛋	11.9	河虾	17	萝卜	0.8	松子	7.7
素馅馄饨	2.6	红鸡蛋	11.9	海虾	17.5	青椒	5.4	巴旦木	9.5
过桥米线	2.6	鸡肉	16.6	大黄鱼	18.5	白扁豆	9.4	美国大杏仁	12.9
粳米饭	4	猪大排	17.4	干贝	18.7	黄豆	11.2	葵花子	15.8
烙饼	4	猪腿肉	17.7	墨鱼	21.2	慈菇	12.6	花生	17.3
牛肉包子	5.18	羊肉	18.2	鲳鱼	21.5	赤豆	14.4	栗子	20
牛肉面	6.8	瘦牛肉	20.3	鲫鱼	63.7	豌豆	19	夏威夷果	20.6
烤红薯	7	猪肝	20.6	青鱼	16.6	蚕豆	20.1	榛子	21.43
糯米团子	7.5	猪蹄	21	海鳗鱼	16.6	绿豆	24.3	核桃	24.4
面食	8	兔头	23.7	河蟹	16.7	干香菇	32.4	碧根果	25.3
煮玉米	11.94	鸡爪	23.9	带鱼	17.1	毛豆	13.9	开心果	30.3

注：生肉 50 克≈熟肉 35 克。

肌肉饱满，离不开碳水化合物

除了蛋白质，增肌过程中我们的饮食还会涉及其他营养素，如碳水化合物。碳水化合物的摄入多少，也会影响到肌肉增长的效果。

相比减脂期的三大营养物质的摄入量，增肌期脂肪摄入标准没有变化，增多的是蛋白质和碳水化合物。很多人纳闷儿，增肌不是增加蛋白质吗，增加碳水化合物干什么？好不容易减下来的体重，多吃碳水化合物后体重不是又该反弹了吗？因为摄入适量碳水化合物可以节约蛋白质，同时提高运动表现，增加抗阻力运动的强度，从而有助于肌肉增长。

身材好与不好，与体重有关，但光盯着体重减肥是不客观的。体积相同的脂肪会比肌肉轻；体重相同的人，肌肉饱满更显瘦。按照这个思路推理，当你肌肉饱满时，体重相对高一点也是正常的。

一、碳水化合物"协助增肌"

1. 帮助肌肉锁住水分

肌肉中大约 70% 是水分，其余是由蛋白质、糖原、矿物质和脂肪等组成。为了让肌肉比较饱满，水分太少肯定不行。肌糖原含量高，可以让更多的水分进入肌肉组织中，从而使肌肉更加饱满。

2. 保护蛋白质不被过度消耗

但当血液中葡萄糖不足时，肝脏中的肝糖原会开始分解供能。运动中机体会动用肌糖原供能，当碳水化合物摄入不足时，会影响肌糖原合成，导致蛋白质在运动中供能增加，损失肌肉。

3. 为肌肉合成供能

肌肉的合成是一个耗能的过程，需要各种营养素的供养才能完成。合成 1 克肌肉，估计需要消耗 5 ～ 8 千卡的热量，这些热量不包括在基础代谢和活动代谢中，这也就是为什么增肌与减肥不同，它需要有盈余热量的支撑。你必须多摄入一些营养素才能保障肌肉合成，其中碳水化合物和蛋白质是最重要的两大物质。

因此，增肌不仅需要蛋白质，还需要足够的碳水化合物来为肌肉合成提供热量。

二、碳水化合物食物的选择

增肌阶段，为了既保障碳水化合物的摄入量又避免脂肪增加，建议尽量选择热量相对低一些的主食类食物（表 5-2）。

表 5-2　每 100 克富含碳水化合物食物的营养对比

食物	碳水化合物 / 克	脂肪 / 克	蛋白质 / 克	热量 / 千卡
通心粉	75.8	0.1	11.9	351
烙饼	52.9	2.3	7.5	259
馒头	47	1.1	7	223
法棍	26	10.8	5.1	240
米饭	25.9	0.3	2.6	116
面条	24.3	0.2	2.7	110
玉米	22.8	1.2	4	112

注：生米 50 克≈熟米饭 130 克；生面粉 50 克≈馒头 75 克。

有人建议，增肌期间，每千克体重摄入热量为 50 千卡，每人每天的总热量摄入为：阶段目标体重 ×50。碳水化合物、蛋白质、脂肪的供给比例为 6：2：2。

　　那么，如果目标体重是 71 千克，则每天的总热量摄入为 3550（71×50）千卡，其中碳水化合物供能 2130 千卡，蛋白质供能 710 千卡，脂肪供能 710 千卡。根据每克碳水化合物产生的热能是 4 千卡，每克蛋白质产生的热能是 4 千卡，每克脂肪产生的热能是 9 千卡，可以反推出，需要的碳水化合物是 532.5 克，蛋白质是 177.5 克，脂肪是 78 克。这个量比文前建议的量大很多，显然不合适。

　　所以，如果大家没有像运动员一样的运动量，也不需要那么夸张的肌肉。我建议增肌期间的热量是在减肥期间的热量基础上增加 500 千卡即可。这 500 千卡的热量来源不能含有太多反式脂肪酸和糖的食物，用富含蛋白质和适量的碳水化合物的食物提供最好。

增肌核心食品之一——鸡蛋

去脂肪保肌肉，蛋白质扮演了核心的角色，食物中的鱼、禽、蛋、瘦肉都是蛋白质的良好来源。生物价是反映食物蛋白质消化吸收后，被我们机体利用程度的指标，越高越好（表 5-3）。鸡蛋是常见食物中生物价非常高的，可以作为优选来食用。

表 5-3　常见食物蛋白质的生物价

食物	蛋白质的生物价	食物	蛋白质的生物价
鸡蛋（全蛋）	94	熟大豆	64
鸡蛋白	83	扁豆	72
鸡蛋黄	96	蚕豆	58
脱脂牛奶	85	白面粉	52
鱼肉	83	小米	57
牛肉	76	玉米	60
猪肉	74	白菜	76
大米	77	红薯	72
小麦	67	马铃薯	67
生大豆	57	花生	59

鸡蛋是接近完美的食物，一颗小小的鸡蛋蕴含着丰富的营养成分（表 5-4）。

表 5-4 每个鸡蛋的营养成分，占每日膳食参考摄入量

营养成分	含量	占膳食参考摄入量
胆碱	437 毫克	79.5%
生物素	9.7 微克	32.3%
维生素 B_{12}	0.65 微克	27.1%
维生素 B_2	0.239 毫克	18.4%
泛酸	0.719 毫克	14.4%
维生素 D	17.27 IU	8.6%
维生素 A	244 IU	8.1%
叶酸	24 微克	6%
维生素 B_6	0.071 毫克	5.5%
亚油酸	0.574 克	3.4%
维生素 E	0.48 IU	3.2%

如果每天 90 克的蛋白质摄入主要由鸡蛋提供，有些人一定会说，那胆固醇得多高呀！我们先看一下蛋黄与蛋白营养成分对比（表 5-5）。

表 5-5 蛋黄与蛋白营养成分对比

	脂肪	饱和脂肪酸	胆固醇	碳水化合物	蛋白质
蛋黄	4.5 克	1.6 克	184 毫克	0.5 克	2.5 克
蛋白	0	0	0	0	4 克

确实，蛋黄含有很多的胆固醇。但很多研究表明，每天吃 3～5 个全蛋，对身体的高密度脂蛋白和低密度脂蛋白都无影响，也就是说蛋黄并不是胆固醇相关疾病的罪魁祸首。相反，吃全蛋比单吃蛋白（蛋清）更有营养。因为，蛋黄富含鸡蛋 43% 的蛋白质，而且鸡蛋中几乎所有的脂溶性维生素、水溶性维生素和微量元素都来源于蛋黄。蛋黄是小鸡

胚胎发育的主要营养来源。据统计，1 个 17 克的鸡蛋蛋黄除了能释放 55 千卡的热量，还含有如表 5-6 所示的营养。

表 5-6　17 克鸡蛋蛋黄的营养含量

名称	含量
蛋白质 / 克	2.5
脂肪 / 克	4.5（1.624 克饱和脂肪，1.995 克单不饱和脂肪，0.715 克多不饱和脂肪）
胆固醇 / 毫克	184
碳水化合物 / 克	0.61
膳食纤维 / 克	0
钙 / 毫克	22
铁 / 克	0.46
镁 / 毫克	1
磷 / 毫克	66
钾 / 毫克	19
钠 / 毫克	8
锌 / 毫克	0.39

另外，蛋黄还含有丰富的维生素，包括脂溶性维生素和水溶性维生素。下面的维生素成分含量基于 17 克鸡蛋蛋黄（表 5-7）。

表 5-7　17 克鸡蛋蛋黄所含维生素的含量

名称	含量
硫胺素（维生素 B_1）	0.030 / 毫克
维生素 B_2	0.090 / 毫克
维生素 B_3	0.004 / 毫克
维生素 B_6	0.059/ 毫克
维生素 B_9（叶酸）	25/ 毫克

续表

名称	含量
维生素 B_{12}	0.33 / 毫克
维生素 A	245 /IU
维生素 E	0.44 / 毫克
维生素 D_2 和维生素 D_3	0.9 / 微克
维生素 D	37 /IU
维生素 K	0.1 / 毫克

很多研究证实，吃全蛋比只吃蛋清可以获得更加均衡的营养，获得更多的健康益处。2017 年的一份研究显示，当运动完之后，立即吃全蛋比只吃蛋清，能让人体的肌肉代谢效率提高得更快。

多项研究显示，蛋黄对健康的潜在益处还有：

——提高免疫作用，包括抗氧化、抗菌和抗癌等；

——促进眼睛健康，具有降低黄斑变异风险和与年龄相关的白内障风险；

——有利于提高骨骼的密度和弹性；

——有利于维持一个健康的、规律性的代谢，包括脂肪和蛋白质代谢；

——促进细胞生长和修复，包括肌肉纤维的修复；

——改善皮肤和头发健康；

——提高营养吸收利用率；

——促进神经递质的产生和健康；

——促进大脑发育和健康；

——减少身体炎症状况。

随着鸡蛋胆固醇有害健康的谣言被打破，古老的谚语"一天一苹果，医生远离我"也被换成了"每天一颗蛋，健康常相伴。"

蛋黄虽然营养丰富，但饲养方式不同的鸡所生产出的蛋也略有差别。蛋黄中的营养成分取决于鸡的种类、鸡饲养的环境和饲养方法、鸡蛋的大小等。这也是为什么有的鸡蛋吃着香味更浓郁一些的原因，这个"香"的差别主要是蛋黄营养成分的差别。

此外，鸡蛋的膳食营养价值也取决于不同的烹饪方式（表5-8）。

表5-8　鸡蛋烹饪方式推荐榜

食物类别	热量 / 千卡	营养		
		碳水化合物 / 克	蛋白质 / 克	脂肪 / 克
蒸蛋	48	1.5	4.6	2.6
水煮蛋	151	2.1	12.1	10.5
荷包蛋（煮）	164	0.2	12.3	11.7
茶叶蛋	158	4.4	13.7	9.5
卤蛋	148	4.1	12.2	9
油煎蛋	209	2.5	11.9	16.8
炒鸡蛋	195	2.9	11.8	15
皮蛋	178	5.8	14.8	10.6

注：按照每100克可食部计算。

鸡蛋最简单、最健康的烹饪方法是煮，只要不忘记关火，煮鸡蛋没有烹饪技术含量。但就是这么简单的煮鸡蛋，还是有我们要注意的地方。那就是不能煮时间太长。鸡蛋中的含硫氨基酸——蛋氨酸，经长时间加热后会形成硫化铁或硫化亚铁，导致蛋黄颜色变绿，影响消化吸收。

最大程度保留鸡蛋营养的煮鸡蛋技巧是"3+2"，即凉水放蛋加热，沸水煮3分钟，关火焖制2～3分钟。

除了煮鸡蛋，大家还喜欢吃煎鸡蛋，鸡蛋与油易结合，油多时蓬松感更强，口感更嫩，香味更浓。但用油煎的鸡蛋，胆固醇和脂肪的含量会很高，而且用油高温烹调，会使蛋白质变性，其卷边的焦黄部分会产生 30 倍的糖基化蛋白质，吃太多容易导致一系列疾病，如诱发糖尿病、阿尔茨海默病等，增加健康隐患。

此外，也有人将鸡蛋与其他蛋类，如乌鸡蛋、松花蛋等进行对比。我们一起看看它们之间谁更好呢？

乌鸡蛋比较少见，人们普遍认为"物以稀为贵"，但从营养素的角度分析，乌鸡蛋和普通鸡蛋是没有什么区别的。它们口感近似，营养近似，可价格却差了几倍。

毛鸡蛋又叫死胎蛋，是没有成功孵化成小鸡的鸡蛋。说白了，就是"胎死腹中"。有人认为毛鸡蛋营养价值高，其实这是误导。在胚胎发育过程中，鸡蛋中的营养成分已供胚胎发育了，因此，毛鸡蛋中的蛋白质含量非常少。而且，**毛鸡蛋中的细菌较多，加热不够很容易导致细菌性食物中毒**。

有资料显示，毛鸡蛋中含有生理活性物质（如雌激素、孕激素等），青少年常吃会造成内分泌失调，引起性早熟。所以，为了健康，建议不要吃毛鸡蛋！

松花蛋这类经过特殊加工的蛋有一定的营养价值，可以食用。但这类蛋在加工过程中也会存在一定的健康风险。如松花蛋，要加石灰、盐，还有泥等。如果包裹的泥污染大，就会有几亿个细菌。建议吃前一定要蒸一下，达到消毒的作用。我们经常推荐大家一天吃一个完整的鸡蛋，可不是推荐每天吃一个完整的松花蛋。

说来说去，吃鸡蛋最简单、最健康的方法还是水煮鸡蛋。增肌的朋友如果胆固醇不高，也可以一天吃 2 个或 3 个鸡蛋。但如果想将 90 克的蛋白质都从鸡蛋中摄取，也不科学，毕竟世上没有绝对的好与坏，鸡蛋再好也不能贪吃。

高蛋白的肉菜

如果按每克计算，你觉得哪种食物所含的蛋白质含量最多？是煮熟的鸡蛋、核桃、鸡胸肉、鲳鱼、鱿鱼、牛瘦肉、猪瘦肉？还是羊瘦肉？

一、鸡胸肉不是增肌的唯一选择

有没有人对鸡胸肉情有独钟？鸡胸肉是减肥和增肌者眼中的明星食品。它之所以能成为明星食材，那是有数据支撑的。

第一，鸡胸肉是肉中热量低的。鸡胸肉每 100 克仅释放 133 千卡的热量，相比 100 克酱牛肉释放 246 千卡，以及 100 克红烧鱼释放 144 千卡，鸡胸肉释放的热量较低。

第二，鸡胸肉的碳水化合物含量低。从碳水化合物的含量上看，每 100 克米饭高达 76 克，每 100 克的苹果含有 14 克左右，而每 100 克鸡胸肉仅含有 2.5 克，几乎可以忽略不计了。这也是减脂＋增肌过程中只吃水煮鸡胸肉的原因。

第三，鸡胸肉蛋白质含量高。在各种食品中，鸡胸肉的蛋白质含量真的很高，每 100 克鸡胸肉含有 19.4 克的蛋白质，约是等量豆腐中蛋白质含量的 3 倍。

通过这样的对比，我们都认为鸡胸肉是无可厚非的低热量、高蛋白的食品，非常适合减脂、增肌的人食用。

解释这么多，是不是认为文前问题的答案就是鸡胸肉呢？我们一起看看表 5-9。

5-9　每100克高蛋白食品的营养比较

食物	蛋白质 / 克	热量 / 千卡
煮鸡蛋	12.1	151
鸡胸肉	19.4	118
鲳鱼	18.5	140
鱿鱼	17	72
牛瘦肉	20.2	106
猪瘦肉	20.3	143
羊瘦肉	20.5	118

通过表 5-9 所示，从蛋白质含量上看，红肉——牛、猪、羊的瘦肉胜出；从热量上看，鱿鱼、牛瘦肉、羊瘦肉的热量也并不比鸡胸肉高。也就是说，增肌不一定吃鸡胸肉，大家还有更多的选择。

二、增肌应选择蛋白质生物价高的食物

光看数据就能评判出谁对咱们的身体最好吗？没这么简单。

食物本身的蛋白质含量高，进入体内后，能否被利用上，这就涉及食物所含蛋白质的消化率（表 5-10）和生物价（表 5-11）。

表 5-10　常见食物的消化率

食物	消化率	食物	消化率
蛋类	98%	米饭	82%
鱼类	98%	面包	79%
奶类	97% ~ 98%	土豆	74%
肉类	92% ~ 94%	玉米面	66%

表 5–11 100 克食物蛋白质含量及生物价

食物	蛋白质/克	生物价
鸡蛋黄	15.2	96
全鸡蛋	12.7	94
脱脂牛奶	2.9	85
鸡蛋白	11.6	83
鱼	18.5	81 ~ 83
鸡胸肉	24.6	79
虾	18.6	77
大米	7.9	77
牛肉（瘦）	20.2	76 ~ 80
猪肉（瘦）	20.3	74
扁豆	19.0	72
红薯	1.6	72
芝麻（黑）	19.1	71
羊肉（瘦）	20.5	69
小麦	11.9	67
土豆	2.6	67
玉米	4.0	60
花生	12	59
蚕豆	21.6	58
绿豆	21.6	58
小米	9.0	57

生物价是评估蛋白质营养价值的生物方法,它的高低受必需氨基酸的绝对质量、所占比重、蛋白质消化率和可利用率等共同决定。简单说,越接近人体蛋白吸收模式的氨基酸,生物价越高。从表5-10和表5-11中可以看出,鸡蛋无论是消化率还是生物价都很高,鸡胸肉所含蛋白质比较高,而且蛋白质的生物价也很高,确实是增肌者比较理想的食物。

有些人也许会想,这个生物价,是不是可以用蛋白质 × 生物价百分比,从而得出人体吸收了多少蛋白质呢?

答案:不是。

鸡蛋的生物价高是因为它所含的必需氨基酸更符合人体所需,人体也更容易吸收,但并不意味着它们是简单的数学公式关系。这些必需氨基酸被人体吸收后,产生的作用是不能用数字计算出来的。但可以肯定的是,生物价高的蛋白质才能实实在在地"补"蛋白质,生物价低的蛋白质对于身体来说更像是"匆匆过客",留住的不多。

说到这儿,我再说一下众所周知的有"蛋白王"之称的食物——蝉蛹。蝉蛹的蛋白质含量为68.83%,脂肪含量为9.15%,不饱和脂肪酸占总脂肪酸的77.27%,含有17种氨基酸,并含有9种矿物质元素。每克蝉蛹含有黄酮和多酚分别为8.22毫克和25.23毫克。从数据上看,蝉蛹可以说是一种高蛋白、低脂肪的食物。但是它的氨基酸比例和人类的相差较大,属于非优质蛋白,因此,蝉蛹即使看着是个高蛋白食物,但是不如鸡蛋、牛奶等食物的蛋白质利用率高。

三、吃肉选"部位"

我们再说一说肥肉和瘦肉的区别。肉类中我们进行对比的都是瘦肉,没有将五花肉或牛腩等列入。这是因为肥肉的蛋白质含量较低,热量又比较高,比如,100克卤五花肉能释放527千卡的热量,蛋白质含量仅8.04克。100克清炖牛腩能释放214千卡的热量,蛋白质含量是11.41克。在这样的肉菜中,脂肪含量高,热量也高,而蛋白质含量低。

摄入脂肪虽然不是绝对禁止，但对于易胖体质的朋友，还是希望大家尽量选择蛋白质含量高，而脂肪含量少一些的瘦肉。

我们在了解蛋白质含量和热量的数据时，最好是看烹饪后的熟食，而不是生食（表5-12）。

表5-12　每100克熟食肉类的蛋白质含量

食物		热量/千卡	蛋白质/克
鸡肉	蒸鸡胸肉	117.6	21.55
	煎鸡胸肉	154.9	17.9
	啤酒蒸鸡翅	164.0	12.1
	清炖双冬鸡腿	171.8	11.83
牛肉	牛肉干	550	45.6
	红烧牛肉	162.3	16.9
	清炖牛腩	214	11.4
	炖牛尾	91	10.29
	牛肉馅饼	180.0	9.6
猪肉	酱肘子	202.0	29.6
	拌猪耳朵	112.7	11.8
猪肉	煎猪排	199.8	10.5
	清炖猪蹄	108.3	9.1
羊肉	烤羊肉串	206.0	26.0
	白水羊头肉	193.0	22.4
	酱羊腱子	106.4	16.6
	冬瓜炖羊排	88.61	9.84

254

蛋白粉吃不吃？

在很多人印象中，蛋白粉是增肌的标配。有人经常拿着蛋白粉、肌酸等产品问我："这个能吃吗？""想要快速增肌，我要吃多少蛋白粉呢？"对于需要增肌的朋友，额外补充蛋白粉是否具有科学性呢？

研究人员为了帮大家解开这个疑惑，专门做了一个试验：将30名志愿者随机分为两组，进行为期16周的对照研究。两组被试者在16周的实验过程中，摄入营养成分配比相同的食物，日常运动量也保持一致。区别是，一组被试者的蛋白质来源，全部从食物中获取；另一组被试者摄入的蛋白质一部分来自蛋白粉。两组受试者都是一日6餐，每餐保证20～25克蛋白质的摄入。纯食物组的人，蛋白质来源主要是鸡蛋、奶制品和一些常食用的肉类等。有蛋白粉摄入的另一组，如果当天有运动锻炼，在这6餐中有3餐食用蛋白粉，如果没有运动锻炼，6餐中有2餐食用蛋白粉。两组都是每周运动锻炼4次，锻炼内容包含抗阻训练、爆发力训练、拉伸和有氧耐力训练。

这个试验结果显示：无论是体重、体脂还是腰围，全食物蛋白组和蛋白粉组都有明显降低，而且两组之间基本没什么区别。

这个结论，很多喝过蛋白粉的人都不信，因为他们都有同感：一样的锻炼，喝蛋白粉增肌时期比单纯从食物中摄取蛋白质的增肌时期肌肉更容易饱满。这是为什么呢？我们一起分析看看。

一、蛋白粉增肌的原因

蛋白粉的优势在哪里呢？在摄入相同蛋白质的情况下，蛋白粉与其他食物的对比如表5-13所示。对比发现，蛋白粉的优势在于脂肪更少，服用方便。不过，也缺少了进食的乐趣和饱腹感。

表 5-13　相同蛋白粉含量的食物对比

	1 勺蛋白粉	3.5 个鸡蛋（全蛋）	800 毫升全脂牛奶	鸡胸肉（125 克）
蛋白质	24 克	24 克	24 克	24 克
脂肪	1 克	16 克	24 克	12 克
热量	87.1 千卡	266 千卡	432 千卡	209 千卡

另外，蛋白粉的增肌效果，是否可以抛开锻炼呢？

肯定不行。成年人如果不选择能够增强肌肉负荷的锻炼，单吃蛋白粉或其他补剂，也无法达到增肌的效果。100 克蛋白粉能释放 400 千卡左右的热量，如果不锻炼，在吃正餐的基础上额外吃蛋白粉，热量一定会严重超标，不利于减肥和体脂的下降。

虽然，蛋白粉增肌有优势，但它只是作为日常膳食的补充，但于我而言，更希望大家首选与机体代谢契合的天然食物。而且合理日常饮食搭配，结合科学系统的锻炼最终也能够达到很好的增肌效果。

二、蛋白粉要不要吃

增肌者对于蛋白质的迷恋，也不是无根源的。复习一下前面所讲的内容，减肥的原理是热量摄入量＜消耗量，消耗量＝人体基础代谢需要的基本热量＋体力活动所需要的热量＋食物热效应所需要的热量。

食物热效应是指由于进食而引起热量消耗增加的现象。也就是说，你吃的食物一方面为身体提供了热量，另一方面，它也消耗你身体的热量。因为食物进入体内，你需要咀嚼、吞咽，胃和小肠、大肠还要进行蠕动、分泌消化液等，这些反应都是要消耗自身热量的。不同营养素的热效应不同：碳水化合物为 5%～10%，脂肪为 0～5%，蛋白质为 20%～30%。

从这个数据中可以看出，蛋白质不仅有利于肌肉的生长和维持，还有利于消耗自身的热量，看似还具有减肥的效果。从这个理论上看，人们对于减肥和增肌过程中对蛋白质的偏爱有着充足的理由。但大家看问题不能以偏概全，任何食物都没有绝对的好与坏。蛋白质虽然对"增肌和不增脂"有利，但如果摄入的蛋白质占到总热量的 35% ~ 40%，就超过了肝脏处理氨基酸的负荷量，还可能会导致氨中毒。

对于蛋白粉吃还是不吃的问题，我想还是要因人而异。

可以食用蛋白粉的人群，如：

——因疾病无法正常饮食，有必要食用蛋白质粉以保证人体对蛋白质的需求；

——健美运动员、健身爱好者对肌肉的饱满度要求更高，可以适量选择；

——过瘦、营养不良的人有增肌需求，可以适量食用蛋白质粉；

——日常三餐饮食不规律，无法达到蛋白质需要量的人群，可以作为膳食的补充。

所以，如果大家平日的食物营养搭配比较合理，我认为没有必要额外食用蛋白粉。如果体重正常或偏瘦，运动强度有所增加，那么，在正常饮食基础上可以适量摄入蛋白粉。

"瘦胖子"增肌塑形

经常有一些朋友咨询塑形的事情。她们通常有一个共同点，就是体重正常或偏瘦，但就是肚子上、胳膊、大腿等部位的肉松松垮垮的。穿上宽松一些的衣服，别人都说瘦，但穿贴身的衣服就会暴露局部松垂的肥肉。

这类人群的 BMI 一般在 22 kg/m^2 以下，体脂率在 22% ～ 27%，我们将这类的人群称为"瘦胖子"。这种胖不是用体重来衡量的，而是肌肉和脂肪的比例严重失调的结果。脂肪含量虽然少，但由于肌肉的缺乏，所以脂肪占到身体总重量的比例过高。身体缺少肌肉的支撑，肉就会松松垮垮地"挂"在身上。

一、瘦胖子是怎么形成的？

1. 过度节食

节食会让人很快瘦下来，但蛋白质、脂肪等摄入不足，会让本来就开始流失的肌肉加速流失。结果体重下来了，肌肉也下降了。

2. 低蛋白饮食

肌肉的维持离不开蛋白质，而很多人认为减肥就不能吃肉，也不怎么吃鸡蛋，将自己变成了食草动物，这种低蛋白质的饮食模式会让你瘦下来，但不利于保持"紧致"的身材。因为肉中所含的蛋白质非常高，肌肉失去那么好的原材料，就如用稻草搭建的楼宇亭阁，没有木材或砖瓦的支撑，弱不禁风。我们的身材如果没有足够多的肌肉支撑，那出来的效果只能是松垮的形体。

3. 肌肉失用性萎缩

减肥过程中要想维持肌肉含量，就要对肌肉有适当的刺激。久坐不动或运动量非常小，营养不均衡，蛋白质等营养物质的摄入不足，都会导致肌肉出现失用性萎缩。

4. 不恰当的运动

有氧运动有利于减肥，但增肌需要更多的力量锻炼。如果长时间只做有氧运动，饮食不当，同样会加剧肌肉的损耗，从而让脂肪的比例增大。

5. 缺少体力劳动和抗阻力锻炼

随着年龄增长，缺少体力劳动和抗阻力锻炼的成年人的体脂率会增高。前面我们提到过，人从30岁开始，肌肉总数量开始逐年减少，基础代谢率降低，脂肪含量增加。即使我们的体重没有明显变化，但体内成分已经偷偷发生了变化。这就是为什么看起来不胖的人，腹部的赘肉，手臂后面的"拜拜肉"等一抓一把的原因。

二、瘦胖子怎么吃？

1. 均衡饮食

减肥节食要适当，不能吃得太少。营养供应不平衡会加重肌肉流失，减缓新陈代谢。建议无论体重超重、正常还是偏低，营养摄入都不能减少蛋白质的摄入，争取每天都吃肉、蛋、奶、豆腐。

2. 不能节食

肥胖的人每天热量摄入比"日常消耗"的热量少300～500千卡即可。而"瘦胖子"在保证抗阻力训练的前提下，应当热量摄入与"日常消耗"保持平衡。比如，一位25～35岁、体重48～55千克的女性，每天的热量摄入应当在1500～1800千卡，这样才能尽可能维持肌肉不流失。在减肥和增肌过程中，饮食和运动缺一不可。

3. 增加蛋白质比例

每天尽量摄入75～90克的蛋白质，把蛋白质在饮食当中的比例调节到 20%～30%. 对于大部分瘦胖子来说，这个比例需要每顿吃一拳主食，半掌熟肉。如果你不追求大肌肉，只想保持健康和身材，这样的蛋白质摄入量是适合的。

4. 尽量不摄入甜食

有研究指出，影响体重的食物清单上名列前茅的是含糖饮料，紧随其后的是精致谷物，甜食和高碳水化合物食物是维持体重和减重的克星。糖为肌肉提供运动所需的热量，但肌肉的成分是蛋白质，过多的糖并不利于维持肌肉，反而会影响胰岛素分泌，让脂肪大量堆积。

三、瘦胖子怎么运动？

瘦胖子既然已经瘦了，如果光吃不运动，那结局就是肉变松、人变胖。所以，为了让身材紧致，除了在吃上注意，还要配合抗阻力训练。

1. 抗阻力锻炼项目

瘦胖子只有进行抗阻力锻炼才能增加肌肉比例，从而让身体更紧实。如果想身材整体变得紧实，必须做全身性的抗阻力锻炼，比如，到健身房做一些器械训练，如固定器械、哑铃、杠铃等的相关运动。没时间去健身房，也可以在家做一些自重训练，如俯卧撑、蹲起、卷腹等。这些运动，才能全面地锻炼肌肉、改善体态。当然，一定要注意运动的安全性，应循序渐进。

有一些女性害怕大的抗阻力锻炼，会让自己成为"金刚芭比"，担心"硬朗"的肌肉会让自己少了女性的柔美。其实不必担心，女性的激素水平决定了我们很难长出夸张的肌肉，除非你进行长期科学专业的特殊训练。日常的锻炼只会让你的身材更紧致，线条更清晰。

2. 抗阻力锻炼与饮食时间安排

一定要选择适合自己的锻炼计划，坚持每周锻炼 3～4 次，塑形锻炼不需要每天都练。因为肌肉恢复期为 48～72 小时，在肌肉没有完全恢复之前，坚持锻炼同一块肌肉，效果不显著，有时可能会适得其反。

生活中多了抗阻力训练，一天的时间安排也会随之改变。那么，训练与饮食的时间该怎么安排呢？

（1）如果在清晨锻炼：担心低血糖，可在运动前 30～60 分钟吃 50～100 克主食，少量牛奶，但早餐主食要适当减量。

（2）如果在上午锻炼：早饭后 1.5 小时开始运动，不要刚吃完早饭就运动。

（3）如果在下午锻炼：午饭 2 小时后或晚饭 2 小时前开始运动。

（4）如果在晚上锻炼：晚饭后 1.5 小时开始，运动结束与睡觉最好间隔 1 小时以上。

抗阻力训练除了可以增强肌肉的强度，还能使基础代谢率（BMR）适当提高，对于减轻体重或长期保持体重都有很好的帮助。

四、增加无氧运动

总说有氧运动和无氧运动，它们的区别其实有点模糊。

有氧运动　是指机体在氧供应充足的情况下由能源物质氧化分解提供能量所完成的运动。运动时，呼吸的氧气到肌肉中去帮助脂肪、糖的有氧代谢，以及蛋白质的消耗供能。也就是说在有氧运动中主要会消耗糖分和脂肪，少量消耗蛋白质。

无氧运动　是指运动中人体通过无氧代谢途径提供能量进行的运动。理论上讲，运动非常剧烈或极速爆发，例如短跑、举重、俯卧撑等，机体瞬间需要大量能量，运动中呼吸的氧气无法抵达高强度运动的肌肉，也就无法帮助肌肉中的糖和脂肪进行有氧代谢。但肌肉已经在高强度运动状态中，只能完成肌肉中糖的无氧代谢，生成大量的乳酸，而很少消耗脂肪和蛋白质。无氧运动对肌肉的刺激要高于其他组织，因此，运动员在锻炼肌肉力量时，多会选择无氧运动中的抗阻力训练。

无氧运动有利于增加肌肉的比例，是一种更加有效率的增肌锻炼方式。

五、瘦胖子增肌塑形要有耐心

瘦胖子要有耐心，因为增肌是一个缓慢的过程，比减肥更需要耐心和坚持。也许有些人两三个月就能看到一些明显的成果，但真正变得紧致、有型，通常需要坚持半年到一年的时间。

　　瘦胖子增肌塑形过程中，建议大家暂时忽略体重秤上的数字。因为对于瘦胖子来说体重的数字不重要，肌肉饱满之后，即使体重增长几斤，在外形上看也会显得更瘦。

附 录

附录一　中国居民平衡膳食宝塔（2022）

盐	<5 克
油	25~30 克
奶及奶制品	300~500 克
大豆及坚果类	25~35 克
动物性食物	120~200 克
——每周至少2次水产品	
——每天一个鸡蛋	
蔬菜类	300~500 克
水果类	200~350 克
谷类	200~300 克
——全谷物和杂豆	50~150 克
薯类	50~100 克

每天活动 6000 步

 水　1500~1700 毫升

附录二 三天食谱示范

牛油果鲜虾贝果三明治

2 人份	准备时间：10min	制作时间：5min	热量参考：403.8 kcal

用料：
全麦贝果 100g
虾仁 20g
鸡蛋 60g
牛油果 20g
牛奶 20g

做法：
1. 取半个牛油果加黑胡椒海盐柠檬汁杵成牛油果泥。
2. 取一个鸡蛋加少许牛奶搅拌均匀，倒入无油的平底锅，小火。
3. 蛋液凝固迅速盛出，这样口感才是嫩嫩的，虾仁煮熟备用。
4. 全麦贝果从中间切开，将牛油果泥铺在最下面，然后放上牛奶滑蛋，再撒上黑胡椒海盐。
5. 虾仁摆在最上面，撒点罗勒叶，装盘。

午餐：藜麦饭、雪梨清芹汁、口蘑蒜粒牛肉、白灼生菜

雪梨清芹汁

1 人份	准备时间：5min	制作时间：3min	热量参考：85.5 kcal

用料：
雪梨 100g
清芹 50g

做法：
1. 雪梨切块，清芹洗净（叶子不要扔掉）切段。
2. 雪梨清芹放入料理机，加水，打三分钟。

晚餐：无米双花炒饭、海带芽豆腐汤、虾仁荷兰豆

无米双花炒饭

1 人份	准备时间：5min	制作时间：5min	热量参考：163.9 kcal

用料：
西兰花 100g
花椰菜 100g
胡萝卜 50g
玉米粒 50g
花生油 5g

做法：
1. 花椰菜洗净切块，放入料理机打碎，打碎至米饭粒大小。
2. 西兰花洗净切块放入料理机打碎，胡萝卜切丁，玉米粒焯水。
3. 热锅下油，蒜蓉爆香后加胡萝卜玉米粒，炒至 8 分熟。
4. 加西兰花和花椰菜，水气炒干撒盐即可。

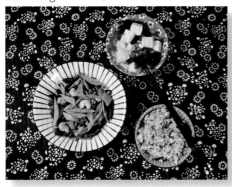

早餐：绿拿铁、香菜拌牛肉、玉米紫薯、水煮蛋、小番茄

绿拿铁

2 人份	准备时间：5min	制作时间：3min	热量参考：236.15 kcal

用料：
牛油果 30g
菠菜 30g
黄瓜 30g
牛奶 100g
猕猴桃 30g
亚麻籽油 5g

做法：
1. 黄瓜洗净切块、菠菜洗净焯水、猕猴桃去皮、牛油果挖出果肉备用。
2. 所有食材放入料理机，高速打 3 分钟即可。

午餐：番茄汁、三文鱼西兰花炒饭、凉拌杂菌

三文鱼西兰花炒饭

2 人份	准备时间：10min	制作时间：5min	热量参考：445.6 kcal

用料：
杂粮米 200g
三文鱼 60g
西兰花 50g
花生油 5g

做法：
1. 西兰花洗净掰小朵，开水中加油盐，焯水后控干水分，用料理机打碎。
2. 烤箱 180 度 10 分钟三文鱼烤熟，切碎撒黑胡椒海盐入味（检查鱼刺）。
3. 热锅喷油，倒入西兰花翻炒 1 分钟去除水汽。
4. 倒入三文鱼碎炒匀，最后倒入米饭炒匀，出锅前撒盐。
（简简单单都是食材本来的味道，没有多余的调味，非常适合减脂期间食用）

晚餐：山药芙蓉羹、粉蒸芹菜叶胡萝卜丝、无油豆腐饼

粉蒸芹菜叶胡萝卜丝

1 人份	准备时间：10 min	制作时间：5 min	热量参考：53.47 kcal

用料：
芹菜叶 30g
胡萝卜 50g
花生油 3g

做法：
1. 芹菜叶洗净切细擦干水，胡萝卜擦丝用盐腌制 20 分钟后挤干水分。
2. 胡萝卜丝芹菜叶用花生油搅拌均匀，然后加玉米面粉和椒盐，确保所有菜都均匀沾上面粉。
3. 蒸锅水开后，铺上烘焙纸，把芹菜叶胡萝卜丝放在纸上大火上气蒸 4 分钟，关火马上打开锅盖盛出搅散装盘。

早餐：双莓益生元、鸡胸肉什锦沙拉、水果拼

鸡胸肉什锦沙拉

2 人份	准备时间：15min	制作时间：20min	热量参考：310.7 kcal

用料：
鸡胸肉 50g
黄瓜 20g
南瓜 30g
紫薯 30g
小番茄 20g
鸡蛋 60g
生菜 20g
坚果 10g
蔓越莓干 5g
亚麻籽油 5g

做法：
1. 鸡胸肉用黑胡椒、海盐、柠檬汁腌制 30 分钟，鸡蛋煮熟切小块。
2. 小番茄对半切，黄瓜洗净切片，生菜洗净撕小片。
3. 南瓜、紫薯切小块，用橄榄油、黑胡椒海盐搅拌，烤箱 180 度烤 20 分钟。
4. 热锅喷油，鸡胸肉煎至两面变色，切成小块。
5. 所有食材倒入大碗，加亚麻籽油，撒黑胡椒海盐，挤柠檬汁。

午餐：杂粮饭、彩椒黄豆芽、清蒸鲈鱼

清蒸鲈鱼

2 人份	准备时间：10min	制作时间：5min	热量参考：137.87 kcal

用料：
鲈鱼 100g
大葱 5g
姜 5g
辣椒 10g
花生油 3g

做法：
1. 鲈鱼洗净沥干水分，两面斜刀，全身抹一层薄薄的盐，切口放进姜片，鱼身上下摆上葱姜丝，倒入料酒腌制30分钟。
2. 锅上汽后大火蒸鲈鱼 7 ～ 8 分钟。
3. 拿出来倒出水，拣去葱姜丝，换一个盘子在鱼身上重新摆上葱姜丝、辣椒丝。
4. 锅里烧适量的油淋到鱼身上，沿盘边倒入适量的蒸鱼豉油。

晚餐：番茄冬瓜汤、豆皮蔬菜卷、黑胡椒土豆胡萝卜

豆皮蔬菜卷

1 人份	准备时间：10min	制作时间：10min	热量参考：154.1 kcal

用料：
豆皮 30g
黄瓜 30g
大葱 10g
胡萝卜 30g
生菜 20g

做法：
1. 豆皮在开水中焯烫一下控干。
2. 大一点的案板上铺平豆皮。
3. 所有蔬菜切长一点的丝均匀放到豆皮的一边，卷起来。
4. 斜着对半切，摆盘。
5. 调酱汁：蒜末、生抽、蚝油、小米辣、白芝麻、麻油、柠檬汁。